Die CD-ROM

Checklisten

Prüfen Sie anhand der Checklisten Ihr Vorhaben:

- Geschäftsidee
- Fachliche Eignung
- Selbsteinschätzung

Businessplan

Erstellen Sie schnell einen professionellen Businessplan

- Erlösvorschau
- Liquiditätsplanung
- Konzept

Verträge

Nutzen Sie die juristisch geprüften Vorlagen für

- Arbeitsverträge
- Geschäftsführervertrag

Fördermitteldatenbank

Alle Förderprogramme

- des Bundes
- der Länder
- der Europäischen Union

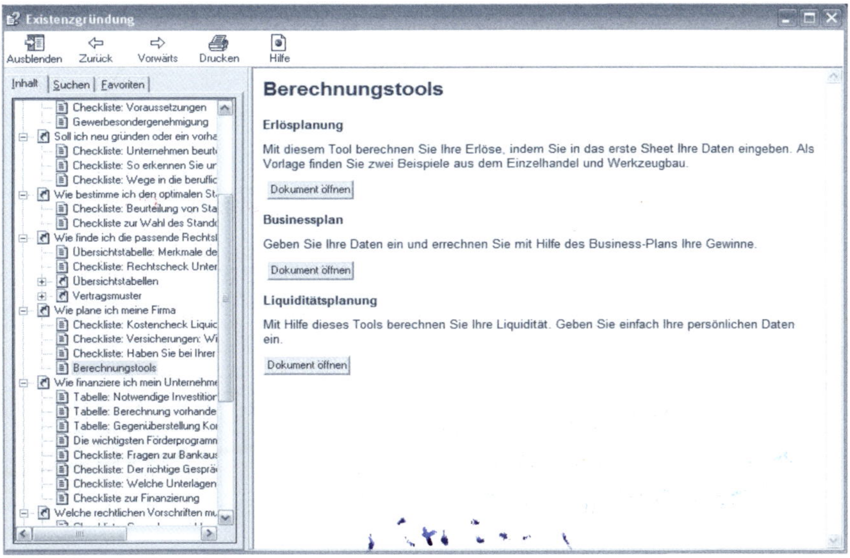

Screenshot der CD-ROM: Nutzen Sie die praxiserprobten Vorlagen für Ihren Businessplan und berechnen Sie einfach Ihre Erlöse und die Liquidität.

Bibliografische Information Der Deutschen Bibliothek

Die Deutsche Bibliothek verzeichnet diese Publikation in der Deutschen Nationalbibliografie; detaillierte bibliografische Daten sind im Internet über http://dnb.ddb.de abrufbar.

ISBN 978-3-448-09172-4 Bestell-Nr. 04669-0005

1. Auflage 2002 (ISBN 3-448-05203-5)
5., aktualisierte Auflage 2008

Redaktionsanschrift: Postfach 13 63, 82142 Planegg/München
Hausanschrift: Fraunhoferstraße 5, 82152 Planegg/München
Telefon (089) 8 95 17-0, Telefax (089) 8 95 17-2 50
Internet: http://haufe.de, E-Mail: erste-hilfe@haufe.de
Lektorat: Jasmin Jallad

Idee & Konzeption: Dr. Matthias Nöllke, Textbüro Nöllke München
Buchgestaltung: Barbara Loy, 80689 München
Umschlaggestaltung: fuchs-design, 81671 München
Redaktion: Text und Design Jutta Cram, 86391 Stadtbergen
DTP: Ulrich Leinz, Berlin
Druck: Schätzl Druck, 86609 Donauwörth

Zur Herstellung dieses Buches wurde alterungsbeständiges Papier verwendet.

Wie bestimme ich den optimalen Standort? 75

Welchen Raum benötigt Ihr Unternehmen? 76
So finden Sie den richtigen Standort 80
Was ist günstiger: kaufen oder mieten? 84

Wie finde ich die passende Rechtsform? 89

Für den Anfang: der Einzelunternehmer 90
Wenn Sie zu mehreren sind: die GbR und die Partnerschaftsgesellschaft 93
Besondere Partnerschaften: die OHG und die KG 97
Ihr Risiko beschränken: die GmbH 100
Die Euro-GmbH 104
Die GmbH & Co. KG 108
Neue Gesellschaftsform: die kleine AG 109
Vertragsmuster und andere Hilfestellungen 111

Wie plane ich meine Firma? 119

Überlassen Sie nichts dem Zufall 120
Von der einfachen Planung zum Businessplan 124
Wie Sie Ihre Preise kalkulieren 135
Welche Kennzahlen Sie benötigen 139
So bleiben Sie liquide 144
Welche Versicherungen Sie wirklich brauchen 149

Wie finanziere ich mein Unternehmen? 157

So ermitteln Sie Ihren Finanzbedarf 158
Ohne Eigenkapital geht es nicht 161
Wie Sie Finanzierungslücken schließen 164
So nutzen Sie öffentliche Fördergelder 170
Förderung von der Bundesagentur: Überbrückungsgeld und Einstiegsgeld 175
Was Sie beim Gespräch mit Ihrer Bank beachten müssen 179

Welche rechtlichen Vorschriften gelten? 187

Zu Beginn: die Gewerbeanmeldung 188
Buchführung – ja oder nein? 191
Welche Steuern auf Sie zukommen 193

Wie stelle ich Mitarbeiter ein? 201

Welches Arbeitsverhältnis Sie wählen sollten 202
Lohn, Gehalt und was sonst noch? 210
So finden Sie die richtigen Mitarbeiter 214
Wie Sie Mitarbeiter motivieren 215
Welche rechtlichen Bestimmungen Sie beachten müssen 217

Wie finde ich Unterstützung? 221

Welche Hilfen der Staat bietet 222
Was Banken Ihnen bieten 225
Wertvolle Ergänzung: professionelle Beratung 226

Ihr Weg durchs erste Jahr 231

1. An alles gedacht: die Vorbereitung 232
2. Ihr wichtigster Schritt: die Entscheidung 233
3. Bald wird es ernst: der Aufbau 233
4. Jetzt geht's los: der Start 235
5. Bilanz der ersten Tage: die Überprüfung 236
6. Nach der ersten Hektik: die Routine 237
7. Ihre Belohnung: der Jahresabschluss 239

Stichwortverzeichnis 241

Der Autor 246

Einführung

Jährlich wagen Tausende den Schritt in die Selbstständigkeit und gründen ein eigenes Unternehmen. Viele reizt der Gedanke, der eigene Chef zu sein, für sich selbst zu arbeiten. Andere wollen ihre persönlichen Ideen verwirklichen. Wieder andere sehen in diesem Schritt die Möglichkeit, der Arbeitslosigkeit zu entgehen. So vielfältig wie die Gründe, die für die Selbstständigkeit sprechen, sind die Fehler, die zum Scheitern der Existenz führen können.

Ein Einzelhandelsgeschäft zu führen, Waren zu produzieren und zu verkaufen oder Dienstleistungen zu erbringen erfordert fachliche Kenntnisse von der Materie, mit der sich der Existenzgründer beschäftigen will. Doch dies ist noch nicht alles. Die kaufmännischen Regeln, Gesetze und Gepflogenheiten wollen befolgt werden. Für den Verkauf und die Führung von Mitarbeitern sind Erfahrung, Talent und psychologische Kenntnisse wichtig. Vor allem aber müssen die jungen Existenzen ausreichend finanzielle Mittel und ein sicheres rechtliches Umfeld haben, wenn sie Erfolg haben wollen.

Die meisten gescheiterten Existenzgründer haben das nicht bedacht. Oder sie hatten einfach die falsche Geschäftsidee, den falschen Standort oder nicht die notwendige Unterstützung ihrer Umgebung. Selbstständigkeit birgt ein hohes Risiko, aber dieses Risiko kann minimiert werden.

Dieser Ratgeber zeigt Ihnen, wie Sie die Risiken einer Existenzgründung erkennen und richtig damit umgehen. Er hilft Ihnen bei dem wichtigsten Schritt in die Selbstständigkeit: bei der Planung. Vielleicht erkennen Sie beim Lesen, dass die Zeit noch nicht reif ist für Ihre Geschäftsidee. Auf jeden Fall jedoch erfahren Sie, unter welchen Voraussetzungen und wie Sie Ihre Existenzgründung erfolgreich durchführen können und so das Beste aus Ihrem Talent, Ihrem Elan und Ihrem Mut machen.

Viel Erfolg wünscht Ihnen *Reinhard Bleiber*

Bin ich ein Unternehmer-Typ?

Es gibt sicherlich Menschen, die sind zum Unternehmer geboren. Vielleicht kennen Sie welche. Oder Sie sind selbst so ein Typ? Aber: Es ist noch kein Meister vom Himmel gefallen. Daher geht es in diesem Kapitel darum zu erkennen, was Sie bereits können und wo noch Lücken sind.

Mit diesem Kapitel prüfen Sie,

- welche Vorstellungen Sie von der Selbstständigkeit haben und zu welchem Engagement Sie bereit sind,
- ob Ihre Familie und Ihre Freunde Sie unterstützen können und das auch tun werden,
- welche Fähigkeiten Sie selbst haben und wo noch Lücken sind, die sie aber unbedingt schließen sollten, um sich erfolgreich selbstständig zu machen. Nutzen Sie die Checkliste, mit der Sie sich selbst prüfen können auf Seite 16!

Permanenter Einsatz erforderlich

Das eigene Geschäft läuft nicht von allein. Als Unternehmer müssen Sie zunächst nicht nur einiges an Geld, sondern vor allem auch viel Zeit investieren. Daher lautet die erste Frage, die Sie sich vor dem Schritt in die Selbstständigkeit stellen sollten: Bin ich bereit, auf einen großen Teil meiner Freizeit zu verzichten? Bin ich bereit, Zeit, die ich bisher für Hobbys, Freunde und Familie hatte, dem neu entstandenen Unternehmen zu widmen?

Die Bereitschaft, Zeit ins eigene Geschäft zu investieren, reicht allein nicht aus. Als Unternehmer müssen Sie auch in der Lage sein, die aufkommenden Probleme mit Kunden, Lieferanten, Mitarbeitern und anderen Partnern zu lösen. Sicher kennen Sie sich in Ihrem Metier aus, dies ist schließlich die wichtigste Voraussetzung für den Schritt in die Selbstständigkeit. Doch sind Sie auch in der Lage, das Geschäft zu managen?

BEISPIEL **KOMMEN UND GEHEN WANN MAN WILL?**

So gut wie sein Chef wollte es Jörg P. auch haben. Der kam und ging nämlich wann er wollte. Darum überlegte Jörg P., ob er sich selbstständig machen sollte. Den Meister als Gas- und Wasserinstallateur und Heizungsbauer hatte er vor kurzem gemacht. Der nächste Schritt schien logisch. Schließlich wollte Jörg P. die Vorteile eines Chefs genießen!

Doch die Berater bei der Handwerkskammer machten ihm schnell klar, dass zumindest in den ersten Jahren das eigene Geschäft einen Einsatz von ihm verlangen würde, der weit über die tarifliche Arbeitszeit hinausgeht. Denn neben seiner eigentlichen Tätigkeit verlangten Banken, Versicherungen, Berater, Behörden, Mitarbeiter, Lieferanten und Kunden seine Zeit. Damit hatte Jörg P. nicht gerechnet.

Gerade erfolgreiche Unternehmer investieren einen großen Teil ihrer Zeit in das Geschäft, den Betrieb. Umso mehr muss der Existenzgründer in der Anfangszeit seines Geschäfts einen permanenten Einsatz zeigen.

Sie unterliegen als Unternehmer keinem gesetzlichen Arbeitszeitschutz. Der Dienst dauert 24 Stunden pro Tag an sieben Tagen in der Woche. Jede Information, jeden Gesprächspartner müssen Sie instinktiv auf ihren Nutzen für Ihr Geschäft prüfen. Vor allem in kritischen Situationen und gerade auch in der Startphase Ihres Unternehmens ist die Belastung enorm.

ABSCHALTEN NOTWENDIG ACHTUNG

Die menschliche Psyche ist nicht in der Lage, eine solche Dauerbelastung zu ertragen. Sie müssen für gewisse Zeiten auch abschalten können. Nur so erhalten Körper und Geist die notwendigen Ruhezeiten.

Wer beansprucht Ihre Zeit?

Als Unternehmer denken Sie selbstverständlich ständig über Ihr Geschäft nach, suchen nach Verbesserungen und versuchen, noch erfolgreicher zu sein. Doch müssen Sie auch für die folgenden Gesprächspartner ein gehöriges Maß an Zeit einplanen:

- Die Banken wollen ständig über die Situation Ihres Unternehmens unterrichtet werden, um das Risiko der Kredite abzuschätzen. Haben Sie Ihrer Bank Sicherheiten wie z. B. den Warenbestand gegeben, müssen Sie diese in regelmäßigen Abständen nachweisen.
- Der Steuerberater ist gerade in jungen Unternehmen mehr als nur für die Steuererklärung zuständig. Viele Ihrer Entscheidungen haben Auswirkungen auf die steuerliche Situation. Sie sollten daher unbedingt mit Ihrem Berater sprechen.
- Wenn Sie Mitarbeiter beschäftigen, müssen Sie diese führen. Dies geschieht nicht nur über Anweisungen. Intensive Gespräche über Aufgaben und Ziele sind regelmäßig notwendig. Ebenso müssen Gespräche aufgrund bestimmter Vorkommnisse (Kundenbeschwerden, Krankheit, ...) geführt werden.

- Ein wichtiger Erfolgsfaktor sind die Lieferanten. Je besser die Beziehungen zu diesen sind, desto günstiger sind die Preise, die Sie für deren Leistung bezahlen müssen. Gespräche mit vorhandenen und potenziellen Lieferanten verlangen einen großen Teil Ihrer Zeit als Unternehmer.
- Auch Kunden wollen umsorgt sein. Aufträge müssen beschafft, Reklamationen bearbeitet werden. Dies geschieht im persönlichen Gespräch.
- Immer wieder nehmen Behörden Ihre Zeit als Unternehmer in Anspruch. Das Finanzamt verlangt regelmäßige Steuerzahlungen und führt Prüfungen durch, die Berufsgenossenschaft prüft die Arbeitsplatzsituation, die Gewerbeaufsicht die Unternehmenseinrichtungen.

Diese kurze Aufzählung zeigt Ihnen, dass Sie als Unternehmer mit einer erheblich höheren Zeitbeanspruchung rechnen müssen als derjenigen, die Sie als Arbeitnehmer gewohnt sind. Darüber hinaus kommt es zu einer Mehrbelastung durch Nebentätigkeiten, die einem Arbeitnehmer nicht immer bewusst sind. Der Ladenbesitzer schließt sein Geschäft um 19:00 Uhr, geht dann jedoch noch nicht nach Hause. Er bestellt neue Waren, macht die Tagesabrechnung, bringt die Einnahmen zur Bank usw. All dies ist notwendig – gerade wenn Sie erfolgreich sein wollen.

Wichtig: Unterstützung von Familie und Freunden

Ihre zeitliche Belastung als Existenzgründerin oder Existenzgründer wird dazu führen, dass die Beschäftigung mit Ihren Familien und Freunden in den Hintergrund gerät. Vereinsaktivitäten müssen vernachlässigt werden, es ist keine Zeit mehr für Hobbys da. Einem Unternehmer-Typen ist das gleichgültig, doch auch er benötigt Unterstützung.

Die wichtigste Hilfe muss aus der Familie kommen. Diese muss zum einen Verständnis für das zeitliche Engagement des jungen Unternehmers aufbringen. Zum anderen kann die Familie auch eine effektive Stütze sein.

- Ihr Partner, Ihre Partnerin oder andere Familienmitglieder können Sie von familiären und häuslichen Aufgaben entlasten und Probleme aus diesem Bereich lösen, ohne Sie unnötig zu belasten.
- Hilfe im neuen Unternehmen aus dem Familienkreis ist immer gerne gesehen und stellt für den Anfang eine große zeitliche und finanzielle Entlastung dar.

FAMILIE FRÜHZEITIG EINBINDEN ACHTUNG

Die Unterstützung durch die Familie, zumindest aber die Tolerierung der Pläne, ist eine wichtige Voraussetzung für die erfolgreiche Existenzgründung. Sie sollten Ihre Familie frühzeitig in die Planung und Vorbereitung einbeziehen. Zum einen können Sie so schnell deren Einstellung zu dem Projekt erkennen, zum anderen können Sie deren Erfahrungen und Fähigkeiten sicherlich gut gebrauchen.

Was für die Familie gesagt wurde, gilt ähnlich auch für die Freunde, die sich in einer solchen Situation erst noch als richtige Freunde erweisen müssen. Sie müssen Verständnis für Ihre Belastung als Unternehmer aufbringen und können eine wertvolle Hilfe sein. In manchen Fällen sind Freunde, Vereinskollegen und andere Bekannte die ersten Kunden eines neuen Unternehmens. Daher ist die Pflege der Freundschaften nicht nur aus menschlicher Sicht für Sie als Jungunternehmer auch und gerade in der Gründungsphase wichtig.

Etwas Manager muss sein

Gleichgültig ob Ihr neues Unternehmen Waren herstellt, Handel treibt oder Dienstleistungen erbringt, immer müssen Käufer für Ihre Leistung gefunden werden. Um Erfolg zu haben, müssen Sie also nicht nur Fachmann in

Ihrem Bereich sein, sondern Ihre Leistungen und Produkte vor allem auch verkaufen können.

Dies ist nur eine von vielen „fachfremden" Fähigkeiten, die Sie als Unternehmer aufweisen müssen. Um es auf einen Nenner zu bringen: Als Existenzgründer müssen Sie nicht nur fachliche Qualifikationen besetzen, Sie müssen auch Manager sein.

- Fähigkeiten in Marketing und Vertrieb sorgen dafür, dass Ihre Produkte nicht nur technisch hervorragend sind, sondern dass Sie sie auch verkaufen.
- Der richtige Umgang mit Menschen hilft Ihnen nicht nur bei Kunden und Lieferanten. Vor allem dann, wenn Sie erste Mitarbeiter einstellen, bewährt sich Ihr Talent der Menschenführung.
- Kaufmännische Unterstützung können Sie kaufen. Doch verursacht dies erhebliche Kosten, die gerade in der Startphase weh tun. Außerdem müssen Sie jede Entscheidung auf ihre Auswirkungen auf den kaufmännischen Erfolg hin überprüfen. Daher müssen Sie zumindest kaufmännische Grundkenntnisse besitzen, um den Unternehmensaufbau erfolgreich zu überstehen.
- Fehler müssen in Unternehmen schnell korrigiert werden. Dafür ist es notwendig, diese zu sehen und zuzugeben. Die Fähigkeit zur Selbstkritik ist daher eine weitere Voraussetzung für den Erfolg Ihrer Existenzgründung.
- Für den Unternehmer gibt es keinen Vorgesetzten mehr, der Ziele und Wege vorgibt oder zumindest mitbestimmt. Als Existenzgründer müssen Sie auch über längere Zeit sich selbst motivieren, immer wieder neue Ziele setzen und diese auch konsequent verfolgen.

Die Ansprüche an den jungen Unternehmer scheinen hoch. In vielen Menschen steckt etwas von einem Manager, es muss nur geweckt werden. Geschieht dies nicht, ergeht es Ihnen so wie Mario K.

FACHMANN SEIN IST NICHT GENUG BEISPIEL

Mario K. hatte aus einer Konkursmasse eine gut erhaltene CNC-gesteuerte Drehbank erstanden, eine kleine Halle angemietet und begonnen, für seinen bisherigen Arbeitgeber Drehteile herzustellen. Nachdem der Auftraggeber zunächst das Material für die Teile zur Verfügung gestellt hatte, verlangte er nun, dass Mario K. den Einkauf selbst übernahm. Dieser kaufte ein und produzierte, doch er war nicht in der Lage, korrekt zu disponieren. Um günstige Preise zu erhalten, kaufte er große Mengen. Die Finanzierung des Bestands fraß den größten Teil des Gewinns. Und als der Auftraggeber seine Produktion umstellte, benötigte er Drehteile aus einem anderen Material. Mario K. blieb auf seinem Lagerbestand sitzen, denn er fand nicht frühzeitig genug andere Kunden.

Dieses Beispiel zeigt drastisch, dass ein hervorragender Fachmann, wie Mario K. es als Dreher war, nicht unbedingt Erfolg als Unternehmer haben muss. Mit unternehmerischen Fähigkeiten hätte Mario K. sich auf die Veränderungen der Bedingungen seines Kunden nicht so schnell eingelassen, er hätte andere Mengen bestellt oder eine Abnahmegarantie verlangt. Vor allem aber hätte er sich frühzeitig um weitere Kunden bemüht. Viele Existenzgründer scheitern an ihren fehlenden Managerfähigkeiten. Der Markt nimmt darauf keine Rücksicht.

Checkliste zur Selbsteinschätzung

Einem Existenzgründer bleibt nichts anderes übrig, als sich ehrlich einer Selbsteinschätzung zu unterziehen. Sie sollten dies tun, bevor andere – beispielsweise Banken – Ihre Schwächen entdecken. Oder noch schlimmer, bevor der Markt dies tut und das gerade gegründete Unternehmen, in den Misserfolg schickt.

Die folgende Checkliste, die Sie auch auf Ihrer CD-ROM finden, hilft Ihnen dabei, sich in den grundlegenden Fähigkeiten, die Sie als Unternehmer aufweisen sollten, zu prüfen. Abgefragt werden hier ausschließlich charakterliche Eigenschaften und allgemeine Managementfähigkeiten. Die fachliche Qualifikation spielt erst im folgenden Kapitel eine wichtige Rolle.

CHECK **WIE SCHÄTZEN SIE SICH SELBST EIN?** CD-ROM

Beantworten Sie die folgenden Fragen selbstkritisch:	ja	nein
Sind Sie bereit, wesentlich mehr als die übliche Arbeitszeit zu leisten?	☐	☐
Sind Sie bereit und in der Lage, dies auch am Wochenende zu tun?	☐	☐
Halten Sie die zeitliche Belastung auch über Monate hinweg durch?	☐	☐
Können Sie in den nächsten Jahren auf einen Urlaub verzichten?	☐	☐
Sind Sie körperlich und geistig stark belastbar?	☐	☐
Können Sie sich für ein Thema hundertprozentig engagieren?	☐	☐
Können Sie sich selbst Ziele setzen und diese konsequent verfolgen?	☐	☐
Kennt Ihre Familie Ihre Planungen zur Existenzgründung?	☐	☐
Ist in Ihrer Partnerschaft und Ihrer Familie alles in Ordnung und steht Ihr Partner dem Vorhaben positiv gegenüber?	☐	☐
Kann Ihnen Ihr Partner oder können andere Familienmitglieder bei den fachlichen oder kaufmännischen Aufgaben helfen?	☐	☐
Haben Sie Freunde und Bekannte, die Ihnen Unterstützung geben können und werden?	☐	☐

Verfügen Sie mindestens über grundlegendes kaufmännisches Wissen?	☐	☐
Verfügen Sie über Erfahrung im Umgang mit Menschen? Macht Ihnen dieser Umgang Spaß?	☐	☐
Ist das Ihr erster Versuch einer erfolgreichen Existenzgründung?	☐	☐

Wenn Sie einige dieser Fragen mit Nein beantworten müssen oder wenn Sie unsicher bei der Beantwortung sind, müssen Sie eine Klärung herbeiführen. Dies ist unbedingt notwendig, bevor Sie mit Ihrem Vorhaben fortfahren.

Kompetenzen von anderen einkaufen

Für einige der in der Checkliste angesprochenen Bereiche gibt es einfache Lösungen, wenn Sie selbst die Voraussetzungen nicht erfüllen. So können Sie z. B. das notwendige kaufmännische Fachwissen zur Führung eines Unternehmens von externen Stellen zukaufen. Wie genau das geschieht, erfahren Sie in einem späteren Kapitel. Eine andere Möglichkeit besteht darin, sich das notwendige Wissen vermitteln zu lassen und die notwendigen Fähigkeiten zu erlernen.

Welche Voraussetzungen Sie haben müssen

Andere Voraussetzungen, die in der Checkliste behandelt werden, müssen Sie jedoch auf jeden Fall erfüllen. Leistungsbereitschaft muss vorhanden sein, die Fähigkeit, ein Ziel konsequent zu verfolgen, müssen Sie mitbringen. Fragen Sie sich ehrlich, ob Ihnen der Urlaub und die freien Wochenenden wichtiger sind als Ihr Erfolg im Geschäftsleben. Die Praxis zeigt, dass vor allem Existenzgründer, die den familiären Bereich nicht in ihre Planung einbezogen haben, an der doppelten Belastung mit Familie und Existenzaufbau scheitern.

Zeigen Sie Engagement!

Sie können nur dann ernsthaft mit einem Erfolg des Projekts „Existenzgründung“ rechnen, wenn Sie bereit und in der Lage sind, ein überdurchschnittliches Engagement zu zeigen. Beantworten Sie darum die obigen Fragen wirklich selbstkritisch. Prüfen Sie sich, Ihren Partner, Ihre Familie und Ihre Freunde. Beziehen Sie Ihr Umfeld in die Planung ein. Nur so stellen Sie sicher, dass die Grundvoraussetzungen für eine erfolgreiche selbstständige Tätigkeit erfüllt werden.

Wie gut ist meine Geschäftsidee?

Sicherlich gehört zu einer Gründung auch, dass Sie begeistert sind von Ihrer Geschäftsidee. Dennoch muss eine Geschäftsidee einer gründlichen Prüfung unterzogen werden. Denn nicht jede Geschäftsidee ist für die Selbstständigkeit tragfähig genug. Nutzen Sie die Zeit, Ihr Vorhaben zu prüfen und Ihre Idee weiterzuentwickeln.

Lesen Sie in diesem Kapitel,

- wo Sie die richtigen Informationen einholen, um Ihre Geschäftsidee zu prüfen,
- welche fachlichen Fähigkeiten Sie selbst für die Umsetzung der Idee benötigen,
- wie sie in Erfahrung bringen, was Ihre Konkurrenz anbietet, und wie Sie die für Sie passenden Vertriebswege finden und bewerben.

Informationen – das A und O des Existenzgründers

In den meisten Fällen ist die erste Geschäftsidee stark durch Erfahrungen aus dem bisherigen Tätigkeitsbereich des Existenzgründers bestimmt. Art und Umfang des gewünschten Unternehmens müssen frühzeitig entschieden werden, damit Sie alle Planungen darauf ausrichten können. In dieser Phase sind Informationen Ihr wichtigstes Arbeitsmittel. Dann folgen Überlegungen zur eigenen Qualifikation und schließlich die intensive Beschäftigung mit dem gewählten Markt. Erst dann können Sie Ihre Idee der notwendigen Prüfung unterziehen.

BEISPIEL

GRÜNDLICHE PRÜFUNG ZAHLT SICH AUS

Sylvia W. ist ein Beispiel für eine erfolgreiche Existenzgründerin. Sie betreibt einen kleinen Reiterhof in einem Feriengebiet an der Nordsee. Doch bis dahin war es ein weiter Weg. Sylvia W. wollte schon immer mit Pferden arbeiten, doch die Berufsausbildung absolvierte sie auf Druck ihrer Eltern in einer Bank. Auch nach der Ausbildung blieb sie zunächst bei ihrem Arbeitgeber. Doch in ihrer Freizeit beschäftigte sich die junge Frau nur mit ihrem Pferd. Schon bald war sie im Reitverein die gefragte Kollegin, wenn es um Pferde, deren Gesundheit, Kauf und Verkauf oder Unterhalt ging.

Während eines Reiterurlaubs erfuhr Sylvia W. von dem zum Verkauf stehenden Reiterhof. In Gedanken sah sie schon ihren Lebenstraum verwirklicht. Doch zunächst prüfte sie sich und das Umfeld des Unternehmens. Sie verfügte zwar über gute kaufmännische Kenntnisse und über Managementerfahrung, doch waren ihre Pferdekenntnisse ausreichend? Was wusste sie über den Betrieb einer Ferieneinrichtung? Was über die Gegend, in der dieser Hof nun einmal lag? Die Existenzgründerin bewies sofort, dass sie über den langen Atem eines Unternehmer-Typs verfügte. Monatelang suchte und fand sie Informationen über den Betrieb einer Ferieneinrichtung, über einen Reiterhof. Sie besorgte sich Zahlen über die Entwicklung des Feriengebiets und Daten über die Konkurrenz. Und dann entwarf sie den Plan, der ihr Unternehmen erfolgreich machte.

Existenzgründer entscheiden sich meist für ein Geschäftsfeld, das sie bereits aus ihrer bisherigen beruflichen Tätigkeit kennen. Dennoch ist es notwendig, sich über die fachlichen Voraussetzungen zur Selbstständigkeit intensiv zu informieren. Klären Sie die folgenden Fragen:

- Reichen Ihre fachlichen Kenntnisse aus? Umfassen sie das gesamte notwendige Spektrum?
- Entsprechen Ihre fachlichen Kenntnisse dem neuesten Stand oder müssen sie aufgefrischt werden?
- Wie können Sie festgestellte Defizite ausgleichen?

Qualifikationen auf einem Fachgebiet lassen meist eine Vielzahl von Spezialisierungen zu. Um das genaue Betätigungsfeld Ihres neuen Unternehmens festzulegen, müssen Sie Informationen über den bestehenden Markt einholen. Eine zu frühe Festlegung der Geschäftsidee beschränkt in der Praxis viele Planer und nimmt eine Menge Chancen.

BLUMEN ODER WAS? BEISPIEL

Eine gut ausgebildete Floristin hat viele Möglichkeiten, ihren Traum von einem eigenen Geschäft zu verwirklichen. Je nach Interessenlage und den Anforderungen des lokalen Marktes muss sie sich jedoch für eine Unternehmenslinie entscheiden. Sie kann ein durchschnittliches Blumengeschäft eröffnen oder eines, das sich auf dekorative Floristik spezialisiert. Die Friedhofsgärtnerei ist eine weitere Möglichkeit, ebenso der Schwerpunkt „privater Garten". Schließlich wäre auch ein Handel mit hochwertigen Geschenken denkbar.

Damit Sie zu diesem Zeitpunkt, also noch frühzeitig, eine wichtige Entscheidung richtig treffen können, müssen Sie weitere Informationen finden und wichtige Fragen klären:

- Wie groß ist die Nachfrage nach den einzelnen Produktgruppen oder Dienstleistungen?
- Welche Konkurrenten sind bereits auf dem Markt vertreten?
- Wie vertreiben die Konkurrenten ihre Produkte?
- Wie groß ist der Markt? Wie hoch ist die Kaufkraft? Wie ist das Kaufverhalten der Kunden?
- Wie hat sich der Markt in den letzten Jahren verändert, wie sind die Aussichten für die Zukunft?

Viele der Fragen können gerade für kleine Unternehmen und überschaubare Regionen, z. B. für ein Blumengeschäft in einer Kleinstadt, aus Erfahrung und mit gesundem Menschenverstand beantwortet werden. Dennoch ist es sinnvoll, sich exakte Informationen zu besorgen. Grundlegende Daten gibt es dazu kostenlos.

TABELLE **WO SIE WELCHE INFORMATIONEN ERHALTEN** CD-ROM

Wo?	Was?
Gemeindeverwaltung	In der Gemeindeverwaltung finden Sie in der Regel eine Übersicht über die vorhandenen Gewerbe und Handelsgeschäfte. Im Amt für Gewerbeförderung oder einer entsprechenden Stelle gibt es regionale Daten kostenlos.
Einzelhandelsverband	Der örtliche Einzelhandelsverband hat wertvolle Informationen über den Handel in der Gemeinde. Leider werden diese oft eifersüchtig bewahrt. Für Informationen über gemeinsame Aktivitäten und Pläne ist dies die richtige Anlaufstelle.
Industrie- und Handelskammer	Die Industrie- und Handelskammern verfügen über einen großen Vorrat an Daten für ihren Zuständigkeitsbereich. Spezielle Referenten beschäftigen sich mit der Existenzgründung und können wertvolle Informationen beschaffen über die Struktur des Gebiets (Kaufkraft, Kaufverhalten, Ab-

	wanderung von Kaufkraft zwischen den Gemeinden, ...), die vorhandene Konkurrenz und regionale Entwicklungspläne.
Handwerkskammer	Einen ähnlichen Dienst wie die IHKn bieten die Handwerkskammern für junge Meister, die den Schritt in die Selbstständigkeit wagen wollen. Hier gibt es auch wertvolle Hilfe bezüglich der Wahl der Betriebsausrichtung, der Festlegung der Unternehmensgröße usw.
Verbände	Viele Berufsgruppen haben Verbände gegründet, um ihre Interessen wahrzunehmen. Darüber hinaus verfügen diese über die Informationen, die ein Existenzgründer für die angesprochenen Entscheidungen benötigt.
Banken	Die Banken sind sehr aktiv im Geschäft mit Existenzgründern. Vor allem die Filialen vor Ort verfügen über Daten, die für die Beurteilung der regionalen Situation sehr wertvoll sein können.
Internet	Alle genannten Informationsstellen und darüber hinaus unzählige weitere stellen zumindest einen Teil ihrer Daten ins Internet. Für Existenzgründer lohnt es sich, im Netz zu recherchieren und Informationen über das Berufsbild, die Qualifikation und den Markt zusammenzustellen.

Überprüfen Sie die Qualität der Informationen

Achten Sie bei der Informationsbeschaffung auf die Qualität der Daten, die Sie erhalten. Zahlen über den lokalen Markt, die bereits fünf Jahre alt sind, haben für Sie keinen Wert. Vor allem die Daten aus dem Internet sollten Sie überprüfen. Versuchen Sie, die Informationen bei mindestens zwei unabhängigen Internetquellen zu finden.

Nach der Einschätzung der eigenen unternehmerischen Fähigkeiten ist diese Beschaffung der Informationen der zweite Schritt auf dem Weg zu Ihrem Unternehmen. Die Entscheidung über den genauen Inhalt Ihrer unternehmerischen Tätigkeit hat großen Einfluss auf den Erfolg oder Misserfolg Ihres Vorhabens und muss daher mit größter Sorgfalt vorbereitet und getroffen werden. Ohne eine ausreichende Informationsgrundlage ist die Auswahl der möglichen Alternativen ein Glücksspiel mit ungewissem Ausgang.

Checkliste zu Ihrer fachlichen Eignung

Als Existenzgründer verfügen Sie über einen beruflichen Hintergrund und haben bestimmte Talente und Fähigkeiten, die Sie in Ihrem Unternehmen einsetzen wollen. Sie haben sich über die notwendigen Qualifikationen und die möglichen Alternativen informiert. Nun müssen Sie Ihre fachliche Eignung mit den Anforderungen Ihrer Geschäftsidee in Einklang bringen. Die folgende Checkliste hierzu finden Sie auch auf Ihrer CD-ROM.

CHECKLISTE ZU IHRER FACHLICHEN EIGNUNG

	ja	nein
Verfügen Sie über eine Berufsausbildung, die zu Ihrer Geschäftsidee passt, oder haben Sie entsprechende Erfahrungen?	☐	☐
Haben Sie mehr als drei Jahre in diesem Berufsfeld gearbeitet (nach der Ausbildungszeit)?	☐	☐
Waren Sie dabei auch eigenständig und verantwortlich tätig?	☐	☐
Konnten Sie alle zum Berufsbild gehörenden Tätigkeiten kennen lernen?	☐	☐
Sind Ihre Kenntnisse über das Tätigkeitsfeld Ihres Unternehmens auf dem neusten Stand? Konnten Sie sich regelmäßig weiterbilden?	☐	☐
Beurteilen Sie Ihre Fähigkeiten als überdurchschnittlich gut?	☐	☐

Defizite Ausgleichen

Wenn Sie nicht alle notwendigen fachlichen Fähigkeiten besitzen, sollten Sie nicht gleich aufgeben. Sie können Ihre Defizite ausgleichen, indem Sie sich weiterbilden. Auch der Wechsel in eine Anstellung, in der Sie die fehlenden Qualifikationen erlangen können, stellt eine Alternative dar. Beobachten Sie Ihren Chef, Ihre Kollegen und die Geschäftspartner ganz bewusst. Dabei können Sie viel lernen, Ihre Qualifikationen verbessern und so das Risiko bei der Existenzgründung verringern.

Was macht die Konkurrenz?

Das globale Betätigungsfeld des Unternehmens ist entschieden in Abhängigkeit von Ihren Fähigkeiten und Wünschen. Die nächste Prüfung muss ergeben, ob das neue Unternehmen auf dem Markt eine Chance hat, ob es sich gegen die vorhandene oder zukünftige Konkurrenz durchsetzen kann. Daher müssen Sie sich nun mit Ihren Mitbewerbern um die Gunst des Kunden bemühen.

KONKURRENZ BELEBT, NICHT NUR DAS GESCHÄFT ACHTUNG

Dass Konkurrenz auf dem Markt vertreten ist, ist vollkommen normal. Sie müssen sich nur darüber klar werden, wie Sie Ihre potenziellen Kunden dazu bringen wollen, bei Ihnen und nicht beim Wettbewerb zu kaufen. Dazu sind Ideen gefragt. Rechnen Sie damit, dass Ihre Mitbewerber auf Ihre Ideen reagieren. Auch das ist normal. Dieser Kreislauf ist die Grundlage des Erfolgs der Marktwirtschaft und gewährt Ihnen die Chance, durch bessere Ideen erfolgreich zu sein.

Um Ihre Ideen richtig zu gestalten und umzusetzen, sollten Sie wissen, mit welcher Konkurrenz Sie zu rechnen haben. Wieder ist also Recherchearbeit nötig. Bereiten Sie die Daten systematisch nach folgenden Inhalten auf:

- Anzahl und Art der Konkurrenten
- Größe der Konkurrenten (Mitarbeiter, Umsatz)
- Standort der Mitbewerber (vor allem im Einzelhandel)
- Preisniveau, Qualitätsniveau des Angebots
- Stärken der Konkurrenten
- Schwächen der Konkurrenten

BEISPIEL

COMPUTER – NOCH IMMER EIN GESCHÄFT

Kevin W. hat sich schon immer für Computer interessiert. Er kann sie auseinander- und wieder zusammenbauen und er kann sie programmieren. Während seines Informatikstudiums hat er nicht nur seine Kommilitonen ständig mit Maschinen und Programmen versorgt. Er hat auch in den Semesterferien und während der Vorlesungszeit umfangreiche Erfahrungen in verschiedenen PC-Handelsgeschäften gesammelt. Jetzt plant er, sich in seiner Heimatstadt mit einem PC-Geschäft selbstständig zu machen. Um sein Unternehmen richtig zu positionieren, hat er das vorhandene Angebot untersucht. Dabei konnte er folgende Informationen sammeln, die er für sich in einer übersichtliche Liste zusammengestellt hat:

Konkurrent	**MEGABIT**	**PC-GmbH**	**Z-Computer**
Unternehmensart	Einzelunternehmen	GmbH, 2 Gesellschafter	Einzelunternehmen
Alter	4 Jahre	10 Jahre	1 Jahr
Umsatz (geschätzt)	1,5 Mio. EUR	3,2 Mio. EUR	0,5 Mio. EUR
Mitarbeiter	3 Vollzeit 4 Aushilfen	5 Vollzeit 2 Teilzeit mehrere Aushilfen	1 Vollzeit (Inhaber) mehrere Aushilfen
Lage	Einkaufszone (Ia)	Gewerbegebiet	Einkaufszone (Ib)
Angebot	PC und Zubehör Standardsoftware	PC und Zubehör Netzwerk	PC und Zubehör Netzwerk

	Spiele Literatur	Standardsoftware kleine Anwendungen Internetprovider Speziallösung für Textilindustrie	Standardsoftware Internetprogramme (auch individuell)
Stärken	Preis	individuelle Beratung, Qualität der Produkte	Preis, Internet
Schwächen	keine gute Beratung	Lage	nur mittlere Qualität
Kundengruppe	private Nutzer Schüler	kleine und mittlere Unternehmen	private Nutzer kleine Unternehmen
Bemerkung	leicht chaotisch	finanzielle Probleme	noch neu, engagierter Inhaber

Mit diesen Daten kann Kevin W. jetzt die Chancen für sein Unternehmen einschätzen und sie durch eine geschickte Positionierung optimieren.

Die gesammelten Informationen dienen dazu, das eigene Unternehmen so auszurichten, dass es den größtmöglichen Erfolg verspricht. Wenn bereits mehrere Anbieter mit den gleichen Produkten erfolgreich am Markt vertreten sind, wird es schwer, mit der gleichen Ausrichtung ebenfalls Erfolg zu haben. Es ist sinnvoller, die Stärken und Schwächen der Konkurrenten zu untersuchen und einen Weg zu finden, sich von vornherein abzuheben. Typische Möglichkeiten, sich besonders zu positionieren, sind:

- Ergänzen Sie das Produktprogramm um zusätzliche Artikel. Damit erhält der Kunde ein komplettes Angebot.
- Begrenzen Sie das Produktprogramm auf einen Teil des Angebotsspektrums. Damit können Sie sich stark spezialisieren und für diesen Bereich ein gefragter Fachmann werden.
- Bieten Sie Ihren Kunden neben den Waren und Dienstleistungen eine spezielle Beratung an.
- Bieten Sie Ihre Produkte in einem speziellen Preissegment an, das bisher nicht oder nicht vollständig abgedeckt wurde.

- Ergänzen Sie das Angebot um einen besonderen Service (Lieferung frei Haus, Liefergarantien, Vorratshaltung für Kunden, Exklusivität für den Käufer, ...).

Das Marketing für Ihr Unternehmen

Der Markt besteht nicht nur aus Anbietern. Bestimmt wird er von den Kunden und deren Möglichkeiten und Wünschen, ihr Geld für die auf dem speziellen Markt angebotenen Produkte auszugeben. Sie müssen sich also über das gesamte Spektrum der regionalen Begrenzung, der angebotenen Produkte, der Nachfrage und der Vertriebswege informieren. Wichtig für die Umsetzung Ihrer Geschäftsidee sind auch die Marketingaktivitäten, mit denen Ihre Mitbewerber um die Gunst des Käufers werben.

Welche regionalen Begrenzungen des Marktes gibt es?

Sie müssen den Markt in verschiedener Hinsicht abgrenzen, bevor Sie ihn untersuchen können. Eine wichtige Festlegung ist die regionale Begrenzung Ihrer Unternehmensaktivitäten.

Ein Einzelhandelsgeschäft wird sich auf den Umkreis seines Standortes beschränken, während der Onlineshop im Internet grundsätzlich international zugänglich ist. Der Hersteller von Teilen für die fertigende Industrie muss vielleicht bundesweit tätig sein und auch das EU-Ausland, zumindest die Nachbarstaaten, in seine Überlegungen einbeziehen. Nachdem Sie sich für eine regionale Beschränkung entschieden haben, begrenzen Sie alle Untersuchungen des Marktes und alle Planungen und Entscheidungen auf diesen Bereich.

ACHTUNG

KONZENTRIEREN SIE SICH ZUNÄCHST AUF EIN GEBIET

Machen Sie nicht den Fehler und treffen die Entscheidung für Ihre Region zu halbherzig. Konzentrieren Sie sich auf den Teil der Welt, der Ihnen zunächst den größten Erfolg verspricht. Dort setzen Sie Ihre Mittel geballt ein.

Selbstverständlich ist z. B. ein Internetshop grundsätzlich weltweit erreichbar. Doch um auch im Ausland erfolgreich zu sein, benötigen Sie eine korrekte englische Version des Shops, müssen Sie Möglichkeiten zur Zahlung aus dem Ausland einrichten und sich um Steuer- und Zollbestimmungen kümmern. Wenn Sie Ihre knappen finanziellen Mittel zwischen der Heimatregion und dem zusätzlichen Gebiet aufteilen, ist die Gefahr groß, dass die Mittel nicht für beide Märkte ausreichen.

Konzentrieren Sie Ihre Aktivitäten daher zunächst auf ein überschaubares Gebiet und tun Sie das, was Sie tun, dort richtig. Das verspricht mehr Erfolg als die Verteilung der Mittel auf einen zu großen Markt.

Welche Produkte sind auf dem Markt?

Ihr junges Unternehmen konkurriert mit anderen Anbietern, die gleiche Produkte verkaufen wollen. Der Markt segmentiert sich daher auch durch die Waren, die dort angeboten werden. Sollen Computer verkauft werden, stehen diese nicht im Wettbewerb mit Autos. Allerdings muss der Markt alle Produkte einschließen, die dem Kunden den gleichen Nutzen bieten.

Dabei kommt es unter Umständen zu recht weit gefassten und wenig definierbaren Märkten. So konkurriert der Geschenkeladen auch mit dem Buchhandel, dem Textileinzelhandel und dem Blumenhandel, die zumindest teilweise auch die Nachfrage nach Geschenken befriedigen. Der Taxiunternehmer muss nicht nur die anderen Taxigesellschaften berücksichtigen, auch die Buslinien und der Nahverkehr der Bundesbahn gehören zu seinen Mitbewerbern.

Wie finden Sie Ihre Zielgruppe, Ihre Kunden?

Die wichtigste Abgrenzung des Marktes, auf dem sich Ihr neues Unternehmen engagieren will, betrifft die Zielgruppe für Ihr Angebot. Wer soll Ihr Produkt kaufen? Als Erstes müssen Sie die Frage beantworten, ob Sie die Industrie oder den Endverbraucher ansprechen wollen.

Machen Sie sich klar, dass bei den meisten Produkten ein Unterschied besteht, ob Sie Ihre Waren an einen Endverbraucher verkaufen oder mit dem

Einkäufer großer Industrieunternehmen verhandeln müssen. Die Verkaufsstrategien sind unterschiedlich, die spätere Abwicklung des Geschäfts verhält sich anders, Zahlungsgepflogenheiten, Preise und Folgegeschäfte sind grundsätzlich verschieden. Damit Sie Ihre Kräfte nicht teilen müssen und am Ende vielleicht für keinen der Bereiche ausreichend Mittel zur Verfügung stehen, müssen Sie sich auf eine Zielgruppe konzentrieren.

Die Zielgruppen Industrie und Endverbraucher gliedern sich jeweils wiederum in kleinere Gruppen. Bei einigen Geschäftsideen spielt dies kaum eine Rolle. Andere Unternehmen wiederum werden erst erfolgreich, wenn eine Spezialisierung auf eine kleinere Zielgruppe erfolgt.

BEISPIEL **KEIN HOTEL FÜR JEDEN ANSPRUCH**

Hubert K. wollte in einer norddeutschen Großstadt ein Hotel eröffnen. Dazu musste er sich auf eine Zielgruppe festlegen. Die Konzentration auf Privatreisende im Unterschied zu Geschäftsreisenden versprach bessere Preise und eine Auslastung auch und gerade am Wochenende. Der Versuch, sowohl Einzelreisende und allein reisende Paare als auch Familien mit Kindern als Gäste zu gewinnen, scheiterte jedoch. Warum?

Die Mittel für die Werbung mussten geteilt werden für Maßnahmen, die beide Gruppen ansprachen. Die Reiseveranstalter hatten sich auf jeweils eine der Gruppen spezialisiert. Die Zimmerausstattung entsprach diesem Mix, indem sowohl kleine Einzel- und Doppelzimmer als auch große Zimmer mit mehreren Betten angeboten wurden. Leider war meist das jeweils verlangte Raumangebot ausgebucht, während die andere Kategorie noch reichlich vorhanden war. Die Gäste ohne Kinder fühlten sich gestört durch die unvermeidliche Unruhe, die Familien durch die notwendige Rücksichtnahme.

Schnell hat sich gezeigt, dass der Versuch, beiden Zielgruppen gerecht zu werden, fehlgeschlagen ist. Die Mittel reichten nicht aus, um beide Bereiche richtig zu bearbeiten. Kompromisse wurden von den Kunden nicht akzeptiert. Das Hotel hat nach weniger als zwölf Monaten wieder geschlossen.

Wie Sie den Markt definieren und beurteilen

Wenn Sie Ihre Geschäftsidee mit der Region, den Produkten und Kundengruppen in Übereinstimmung gebracht haben, ist Ihr Markt definiert. Innerhalb dieser Grenzen spielen sich alle weiteren Überlegungen und Planungen zu Ihrer Geschäftsidee ab. Sollte sich herausstellen, dass ein Erfolg auf dem definierten Markt nicht zu erreichen ist, müssen die Parameter Region, Produkt und Kunden neu festgelegt werden.

Vielen Existenzgründern erscheint die Begrenzung ihres Betätigungsfelds auf den eng definierten Markt als zu streng. Sie sehen auch Chancen in Bereichen außerhalb der Definition, die zu ihrer Geschäftsidee passt. Dabei nehmen sie jedoch einige Nachteile in Kauf:

- Die vorhandenen Mittel (z. B. für Werbung, Verwaltung, ...) können nicht auf den definierten Markt konzentriert werden. Für die vage Chance, auch außerhalb ein Geschäft abzuschließen, müssen immer wieder Zeit und Geld investiert werden.
- Das Unternehmen kann sich nicht auf seine Region, seine Produkte und seine Kundengruppe spezialisieren. Das bringt erhebliche Nachteile im Auftreten gegenüber dem Kunden.
- Der Erfolg kann auf Dauer nicht durch zufällige Geschäfte außerhalb des eigentlichen Marktes bestimmt werden. Eine Konzentration der Mittel und der Zeit des Gründers ist notwendig.
- Auf einem begrenzten Markt kann der Anfänger seine Aktivitäten besser planen und die Reaktionen sicherer vorhersagen.
- Wer als Existenzgründer seinen Markt nicht kennt, kann auch notwendige Kapitalgeber nicht von seiner Geschäftsidee überzeugen.
- Die angrenzenden Märkte bieten eine spätere Chance, das Geschäft auszuweiten. Wurden diese bereits halbherzig bedient, kann die Ausweitung, verglichen mit einem vollkommen jungfräulichen Markt, schwerer werden.

Wie groß ist das Marktvolumen?

Damit Sie als Existenzgründer den Markt richtig beurteilen können, müssen Sie dessen Gesamtvolumen kennen. Dieses zu bestimmen fällt Laien schwer. Große Unternehmen, die auf das Funktionieren ihrer Marketinginstrumente angewiesen sind, lassen entsprechende Untersuchungen anstellen. Für weit verbreitete Produkte gibt es standardisierte Erhebungen von Unternehmen, die sich auf die Bereitstellung der Marktdaten spezialisiert haben (z. B. Gesellschaft für Konsumforschung, GFK). Doch auch diese müssen ihre Informationen verkaufen.

Für erste Untersuchungen vor allem im regional beschränkten Raum reichen auch Schätzungen aus, die gemeinsam mit Experten oder mit Expertenwissen durchgeführt werden. Die Werte sollten jedoch realistisch und möglichst an der unteren Grenze festgesetzt werden. Je nach geplanter Existenz ist die Vorgehensweise jeweils eine andere. Zwei Beispiele, eines aus dem Einzelhandel und eines aus der Industrie, sollen das verdeutlichen.

Für die Einschätzung des Marktes im lokalen Einzelhandel stellen vor allem die Banken vor Ort eine wichtige Hilfe dar. Die lokalen Einzelhandelsvereinigungen sind meist sehr zurückhaltend bei der Herausgabe der Zahlen, da sie Konkurrenz befürchten. Die Schätzung des Marktvolumens erfolgt in mehreren Schritten:

1. Ermittlung der Anzahl der Personen, die im regionalen Markt wohnen;
2. Bewertung dieser Zahl mit den durchschnittlichen Ausgaben pro Person für die Produkte des Marktes (Daten von der Bank, dem Bundesamt für Statistik).
3. Korrektur dieses Wertes mittels der Differenz zwischen der durchschnittlichen Kaufkraft und der Kaufkraft der Region (Daten aus dem Bundesamt für Statistik, IHK, Gewerbeamt).
4. Korrektur dieses Wertes um die Kaufkraft, die in umliegende Städte abwandert, und um die, die aus umliegenden Städten hereinkommt (Daten aus Gewerbeamt, Bank, Einzelhandelsvereinigung).

WIE SIE DEN MARKT FÜR EIN SPORTGESCHÄFT EINSCHÄTZEN BEISPIEL

Für das geplante Einzelhandelsgeschäft für Sportartikel kann das folgendermaßen aussehen:

- Die Stadt, in der das Geschäft eröffnet werden soll, hat 20.000 Einwohner.
- Nach Angaben des Bundesamtes für Statistik gibt jeder Bürger der Bundesrepublik durchschnittlich 146 EUR pro Jahr für Sportartikel aus. Das ergibt einen Wert von 2,92 Mio. EUR.
- Da die Kaufkraft der Region nur mit 0,5 % über dem Durchschnitt liegt, erscheint eine Anpassung nicht notwendig.
- Nach Angaben des Einzelhandelsverbands tätigen die Einwohner der Stadt ca. 25 % ihrer Käufe an Produkten, die nicht dem täglichen Bedarf dienen, in der Nachbargemeinde. Ein nennenswerter Gewinn aus anderen Regionen ist nicht zu verzeichnen. Also muss der Wert aus 2. um 25 % auf 2,19 Mio. EUR reduziert werden.
- Bei der Beurteilung des Marktes für Sportartikel in der untersuchten Region kann also von einem Markt in Höhe von 2,19 Mio. EUR pro Jahr ausgegangen werden.

Wesentlich komplexer stellte sich die Ermittlung des Marktvolumens für Günther K. dar. Er wollte sich zusammen mit einem Freund als Werkzeugmacher für hochwertige Spritzgusswerkzeuge selbstständig machen. Wegen des notwendigen engen Kontakts zu den Entwicklungsabteilungen der potenziellen Kunden wurde eine regionale Begrenzung auf einen Umkreis von 100 km um den Standort festgelegt. Um das Marktvolumen abzuschätzen, ging Günther K. ebenfalls schrittweise vor:

WIE EIN WERKZEUGMACHER DAS MARKTVOLUMEN ERMITTELT BEISPIEL

- Zunächst ermittelte Günther K. aus dem Branchenverzeichnis die potenziellen Kunden für seine Dienstleistung.
- Dann nahm er Kontakt zu den Entwicklungsabteilungen von zehn dieser

Unternehmen auf und stellte seine Dienstleistung vor.

- Aus der Reaktion und den Angaben seiner Gesprächspartner über bisherige Aufträge an Mitbewerber und mögliche neue Aufträge wurde ein Umsatzvolumen für die jeweiligen Unternehmen geschätzt.
- Aus den zehn vorliegenden Werten wurde in einer Hochrechnung ein Marktvolumen errechnet.
- Dieses wurde aufgrund einer Plausibilitätskontrolle, in der die geschätzten Umsätze der Mitbewerber aus der Region addiert wurden, um ca. 20 Prozent reduziert.
- Der bisherige Arbeitgeber von Günther K. hatte dem geplanten Unternehmen bereits Zusagen über eine gewisse Auftragsgröße für die ersten zwei Jahre gegeben. Da dieser die Werkzeuge bisher selbst hergestellt hatte, wurde das Marktvolumen um diesen Wert erhöht.

Günther K. konnte mit dieser Vorgehensweise auch die Banken davon überzeugen, dass ein Markt für die geplante Leistung vorhanden war. Die systematische Arbeitsweise hat auch überzeugend für die Unternehmerqualitäten des Existenzgründers gesprochen.

Faktoren, die das Marktvolumen beeinflussen

Das Volumen eines Marktes ist nicht fix, es verändert sich. Ein neues Angebot, eine neue Idee können dazu führen, dass neue Nachfrage entsteht. Die Kaufkraft wandert nicht mehr in die Nachbargemeinde ab, wenn ein gutes Fachgeschäft vor Ort entsteht. Preisgünstige Angebote eines Dienstleister können dazu führen, dass neue Unternehmen die Leistung nachfragen und nicht mehr selbst erstellen. Schwankungen in der Konjunktur haben ebenfalls einen Einfluss auf das Marktvolumen, sowohl positiv als auch negativ. Die Gründung eines Unternehmens in wachsenden Märkten ist einfacher erfolgreich durchzuführen als bei sinkenden Volumina.

So finden Sie Ihre Vertriebswege

Ein Markt wird bestimmt durch die Kunden, die Anbieter und die Produkte, die dort verkauft werden. Damit Sie einen erfolgreichen Platz für die Positionierung Ihres Unternehmens finden, müssen Sie noch wissen, wie die Produkte vom Anbieter zu den Kunden gelangen. Dabei gibt es große Unterschiede.

Vertriebsweg: Hersteller – Endverbraucher

Ein möglicher Vertriebsweg ist der direkte Verkauf der Waren und Dienstleistungen vom Hersteller an den Endverbraucher. Dazu kann er sich eigener Läden bedienen oder mit Hilfe von Vertretern den Kontakt zum Kunden herstellen. In einem solchen Markt macht es wenig Sinn, sich als Einzelhändler selbstständig zu machen. Die Hersteller am Markt werden Sie kaum beliefern, die Kunden nicht zu Ihnen kommen.

Vertriebsweg: Hersteller - Einzelhandel – Endverbraucher

In der Verkaufskette vom Hersteller über den Einzelhandel zum Endverbraucher übernimmt der Einzelhandel die Aufgabe der Distribution und der Angebotskomplettierung. Der Kunde kauft die Produkte (z. B. Springbrunnenpumpen) nur in einem Umfeld, das ihm auch alle anderen Produkte dieses Bereichs (z. B. für seinen Teich) liefert. Einen Direktverkauf als Hersteller einzuführen gelingt nur, wenn Sie dem Kunden wesentliche Vorteile bieten.

Vertriebsweg: Großhandel

In vielen Branchen übernimmt der Großhandel die Funktion der Komplettierung und bietet dem Einzelhandel ein geschlossenes Angebot. Dieser muss nicht von vielen einzelnen Herstellern einkaufen, sondern bestellt bei wenigen Großhändlern. Das spart Arbeit und Zeit. Sie werden kaum in der Lage sein, in einem solchen Vertriebsweg z. B. eine Direktbelieferung des Einzelhandels durchzusetzen.

Vertriebsweg: Supermarkt

In vielen Einzelhandelsbranchen ist der Markt im Umbruch. Große Supermärkte ziehen erfolgreich die Kunden in ihre zentralen Geschäfte. Der Fachhandel kann nur überleben, wenn er besondere Leistungen mit dem Produkt verbindet. Für einen Existenzgründer ist es ohne herausragende Geschäftsidee sehr schwer, in einem solchen Markt Fuß zu fassen, wo selbst eingesessene Fachhändler aufgeben müssen.

Vertriebsweg: Versandhandel

Einen wachsenden Anteil an den Märkten in Deutschland hat der Versandhandel. Traditionell wird über Kataloge, innovativ über das Internet verkauft. Wegen der relativ günstigen Kosten hat sich der letzte Versandweg als viel versprechend für Existenzgründungen erwiesen. Eine sorgfältige Vorbereitung vor allem der Logistik und des Onlineshops sind notwendig.

ACHTUNG

PASSEN SIE SICH DEM MARKT AN

Gerade im Bereich der Vertriebswege hat sich erwiesen, dass die Strukturen nur mit enormen Mitteln verändert werden können, die dem durchschnittlichen Existenzgründer nicht zur Verfügung stehen. Daher sollten Sie Ihre Chancen in den bestehenden Gefügen zu suchen. In der Praxis hat sich der Markt fast immer als stärker erwiesen und die belohnt, die sich angepasst haben.

Für mutige Jungunternehmer bieten einzelne Märkte risikoreiche Möglichkeiten, mit neuen Ideen erfolgreich zu sein. So wird sich in den kommenden Jahren der Anteil der Lieferungen von Waren direkt zum Privathaushalt weiter erhöhen. Das Internet schafft die Voraussetzungen für die Bestellabwicklung. Der Unternehmer muss die Warenwirtschaft und Logistik umsetzen. Wie das funktionieren kann, haben Tausende von Pizza-Blitzen vorgemacht. Erfolgreiche Modelle in anderen Bereichen (z. B. Lebensmittel) sind dagegen selten.

Selbstverständlich können auf einem Markt mehrere der Vertriebswege parallel vorhanden sein. Aber auch hier gilt, dass Sie sich als Existenzgründer und Newcomer auf dem Markt spezialisieren sollten, um Ihre Mittel konzentriert einsetzen zu können.

Checkliste: So bewerten Sie Ihre Geschäftsidee

Sie kennen nun den Markt und können sich in etwa vorstellen, was Sie erwartet. Für einen erfolgreichen Start ist eine besondere Idee sehr wichtig. Sie haben bestimmte Vorstellungen von Ihrem Unternehmen und dem Zweck, den es verfolgen soll. Doch bieten diese Vorstellungen auch die Garantie eines Erfolgs? Ihre Geschäftsidee muss

- Ihre Geschäftsidee muss in den Markt passen: Der Markt muss ein ausreichendes Volumen aufweisen und mit einer gewissen Wahrscheinlichkeit gewährleisten, dass das neue Unternehmen daran beteiligt wird.
- Ihre Geschäftsidee muss etwas Besonderes sein: Nur wenn Sie Ihren Kunden etwas Besonderes bieten (USP: Unique Selling Proposition), werden diese auch zu Ihnen kommen. Das kann ein neues Produkt sein oder ein Produkt, das mit einer besonderen Leistung verkauft wird (z. B. das Geschenk mit Erinnerungsservice). Auch der Standort, z. B. als einziges PC-Geschäft in der Innenstadt, kann diesen Anspruch erfüllen.
- Ihre Geschäftsidee muss dauerhaft erfolgreich sein: Das neue Unternehmen soll nicht nach kurzer Zeit wieder vom Markt verschwinden. Daher müssen Modetrends, die in eine Geschäftsidee umgesetzt wurden, besonders sorgfältig geprüft werden.

ACHTUNG

SCHAFFEN SIE DEN KUNDEN NUTZEN

Nur noch selten sind das Produkt oder die Dienstleistung das Einzige, was den Unternehmensinhalt ausmacht. Immer öfter wird mit der Ware eine Philosophie verbunden, die dem Verkäufer ein Alleinstellungsmerkmal (USP) verschaffen und den Kunden zum Kauf veranlassen soll. Dies gilt zwar vor allem für den Einzelhandel, der sich intensiv mit dem Endverbraucher beschäftigt. Doch auch in der Industrie finden sich solche Ideen immer wieder.

- Erweitern Sie Ihr Produktangebot um eine direkte Verbindung zwischen der Disposition Ihres Industriekunden und Ihrer Warenwirtschaft. Das spart Ihrem Kunden Zeit und Kosten und stellt einen zusätzlichen Nutzen dar.
- Liefern Sie Ihre Produkte dem privaten Kunden frei Haus. Lassen Sie sich diesen Service angemessen bezahlen, der Kunde wird dies dennoch schätzen.
- Bieten Sie Ihrem Kunden zusätzliche Informationen über Ihre Produkte an. Zeigen Sie ihm die Herstellung und den Nutzen auf, erklären Sie die Bedienung ausführlich.
- Bieten Sie dem Einzelhändler, der Ihre Produkte verkaufen soll, Unterstützung bei der Werbung für Ihre Waren an.

Die Liste der möglichen Zusatznutzen, die Ihr Angebot interessanter machen, lässt sich beliebig verlängern. Suchen Sie sich die Möglichkeit, die am besten zu Ihrem Produkt, zu Ihnen und zum Markt passt.

Die folgende Checkliste, die Sie auch auf Ihrer CD-ROM finden, hilft Ihnen, Ihre Geschäftsidee zu bewerten. Beantworten Sie die Fragen möglichst realistisch. Eine negative Einschätzung Ihres Vorhabens bedeutet nicht automatisch das Ende. Sie gibt Ihnen die Chance, die Idee zu verbessern und so schneller erfolgreich zu sein.

CD-ROM

SO BEWERTEN SIE IHRE GESCHÄFTSIDEE

CHECK

	ja	nein
Ist Ihr Produkt oder Ihre Dienstleistung neu auf dem Markt oder ist es mit einem besonderen Service verbunden?	☐	☐
Gibt es ein ausreichendes Umfeld zu Ihrem Angebot (weitere Produkte der Gruppe, Ergänzungen)?	☐	☐
Ist Ihre Leistung preislich richtig eingeordnet?	☐	☐
Reicht die Qualität des Produkts/der Dienstleistung aus?	☐	☐
Haben Sie die Zielgruppe für Ihr Produkt sorgfältig ausgesucht?	☐	☐
Ist der Markt unter diesen Umständen noch ausreichend groß für Sie und Ihre Mitbewerber?	☐	☐
Ist bei einem modischen Produkt die Nachfolge geklärt?	☐	☐
Kann das Produkt/die Dienstleistung nur schwer von anderen angeboten werden?	☐	☐
Ist die Lieferung der angebotenen Waren oder Leistungen auch für die Zukunft gesichert?	☐	☐
Wird das Angebot von Ihrem persönlichen Können und Ihrem Engagement bestimmt?	☐	☐

Werbung und Public Relations

Die Marketingstrategie ist gerade bei einem neuen Unternehmen besonders wichtig. Die Chance, sich ganz bewusst den Kunden zu präsentieren und sich am Markt zu positionieren, hat jeder Existenzgründer nur einmal. Marketing beinhaltet in diesem Fall die Kommunikation zwischen Anbieter und potenziellen Kunden. Die Kommunikationsmöglichkeiten müssen optimal aufeinander abgestimmt werden, damit das beste Ergebnis erzielt wird. Die jeweilige Strategie hängt ab von der Art des Unternehmens, vom Markt und von der Zielgruppe.

Wie Sie im Einzelhandel werben

Ein Einzelhandelsgeschäft wird die folgenden Kommunikationswege miteinander kombinieren:

- Anzeigen in der lokalen Tageszeitung und in den Anzeigenblättern,
- redaktionelle Berichte in der lokalen Tageszeitung und in den Anzeigenblättern,
- Handzettel, die in belebten Fußgängerbereichen oder auf Parkplätzen verteilt werden,
- Direktansprache der örtlichen Unternehmen, wenn ein besonderes Interesse an den Produkten bestehen könnte.

Wie Sie im Handwerk werben

Der junge Handwerksbetrieb macht auf ähnliche Weise auf sich aufmerksam, wobei bei bestimmten Zielgruppen auch die Direktansprache überwiegen kann:

- Anzeigen in der regional verbreiteten Tageszeitung und in den Anzeigenblättern,

- redaktionelle Berichte in der regional verbreiteten Tageszeitung und in den Anzeigenblättern,
- Direktansprache der örtlichen Unternehmen verbunden mit einem besonderen Angebot zur Einführung,
- Teilnahme an regionalen Messen und Gewerbeausstellungen.

Wie Sie in der Industrie werben

Ein neu gegründeter Fertigungsbetrieb, der als Zulieferer für die Industrie erfolgreich sein will, muss gänzlich andere Wege gehen:

- Anzeigen in den branchenorientierten Fachpublikationen oder in Publikationen, die in Unternehmen gelesen werden (z. B. IHK-Nachrichten),
- Eintrag in den Medien, die Einkäufer für die Suche nach Lieferanten benutzen („Wer liefert was?"),
- Teilnahme an Marktplätzen im Internet und Eintrag in Suchmaschinen,
- Teilnahme an Messen und Ausstellungen, die je nach Markt regional oder überregional sind,
- Direktansprache potenzieller Kunden durch Mailing, Telefonate und Besuche.

So kombinieren Sie Ihre Marktetingaktivitäten sinnvoll

Erfolgbestimmend ist die Kombination Ihrer einzelnen Aktivitäten.

Anzeigen im regionalen Bereich werden gerne mit redaktionellen Beiträgen verbunden. Wegen der besseren Wirkung bei gleichzeitigem Erscheinen von Anzeige und Bericht muss dies bei der Auftragserteilung mit den

Zeitungen abgestimmt werden. Diese Aufgabe übernehmen die Anzeigenberater der Presse.

Inhaltlich ist eine Beschreibung der Besonderheit Ihrer Geschäftsidee (auch USP genannt = Unique Selling Proposition) sowohl in den Anzeigen als auch in den Berichten und bei der Direktansprache notwendig. Bei der Zielgruppe „private Kunden" kann auch ein enger persönlicher Bezug wichtig sein. Die Angaben über den Existenzgründer gehören dann zumindest in den redaktionellen Artikel.

Die Direktansprache als Medium der Werbung hat in den letzten Jahren viel an Bedeutung gewonnen. Ihnen stehen mehrere Möglichkeiten zur Verfügung, Ihre potenziellen Kunden individuell anzusprechen:

- Im Direktmailing wird der Kunde schriftlich angesprochen. Individuelle Texte und Anreden sind möglich.
- Der Kunde kann über das Telefon angesprochen werden. Die Einschaltung eines professionellen Call Centers ist zwar teuer, verspricht jedoch gerade im Bereich der Industriekunden einen großen Erfolg.
- Ein Besuch von Kunden durch den Existenzgründer selbst verspricht den größten Erfolg. Dies sollte jedoch nur nach einer vorherigen Terminvereinbarung geschehen.

Die Kosten und der Erfolg werden in der Direktansprache ganz erheblich von dem Adressenmaterial bestimmt, das zugrunde gelegt werden kann. Die Beschaffung der Namen, Anschriften und Telefonnummern für die Kunden, die der gewählten Zielgruppe angehören, verursacht erhebliche Kosten. Daher eignet sich die Direktansprache nur für Existenzgründungen, die von vornherein ein größeres Volumen benötigen und entsprechende Mittel von den Kapitalgebern erhalten haben.

WERBUNG IST WICHTIG! ACHTUNG

Viele Existenzgründer trauen es sich nicht zu, Marketingaktivitäten erfolgreich zu planen, vorzubereiten und durchzuführen. In einer solchen Situation dürfen Sie nicht auf die Werbung verzichten. Holen Sie sich vielmehr eine professionelle Unterstützung. Die Zeitung kann Ihnen dabei helfen oder zumindest Fachleute vermitteln. Kleinere Werbeagenturen können auf diesem Gebiet Erstaunliches leisten. Eine wenig professionelle Anzeige kann genau das Gegenteil von dem bewirken, was Sie erreichen wollen. Stimmen Sie Ihre Geschäftsidee mit den Möglichkeiten ab, die Ihnen das Marketing bietet. Kommunizieren Sie Ihre Stärken, damit der Kunde sie auch erkennt.

In manchen Branchen kann das Marketing während der Gründungsphase erhebliche Kosten verursachen. Eine sorgfältige Auswahl der Partner, Medien und Werbeaussagen ist daher unbedingt notwendig. Ebenso müssen diese Kosten im Businessplan realistisch angegeben werden. Die Kapitalgeber sind in der Regel nur schwer von der Notwendigkeit und den Vorteilen einer teuren Marketingaktion zu überzeugen. Sie finanzieren lieber Sachwerte, die als Sicherheit im Unternehmen vorhanden sind. Daher muss eine Geschäftsidee, die einen hohen Marketingaufwand erzeugt, eine solide finanzielle Grundlage haben.

So bauen Sie sich ein positives Image auf

Neben der Werbung ist die Öffentlichkeitsarbeit ein wichtiges Instrument, um auf Ihr neues Unternehmen aufmerksam zu machen. Der Vorteil gegenüber herkömmlichen Anzeigen besteht darin, dass Sie für einen redaktionellen Beitrag in regionalen Medien oft nichts bezahlen müssen. Wenn Sie es schaffen, einen engen Kontakt zu den Redakteuren wichtiger Zeitungen bzw. Zeitschriften aufzubauen, werden Sie in den Berichten häufig genannt und bauen sich so ein positives Image in der Öffentlichkeit auf. Der Erfolg der Public Relations ist zwar nicht unmittelbar messbar, denn Sie können mit PR-Maßnahmen nicht direkt die Absatzzahlen beeinflussen, aber Sie wecken Sympathien für Ihr Unternehmen und das wirkt sich auf das Konsumverhalten Ihrer Kunden aus.

Beispiel: Werbung und PR für einen Hausmeisterservice

Carsten W. hat für seinen geplanten Hausmeisterservice, der private Hauseigentümer, aber auch Vermieter und Unternehmen in seiner Zielgruppe hat, die Marketingschritte der ersten sechs Monate detailliert geplant und vorbereitet:

Termin	Aktion	Medium	Vorlage
Gründung	Redaktioneller Bericht	Tageszeitung Anzeigenblatt	Pressemeldung „Gründung"
	Anzeige	Tageszeitung Anzeigenblatt	Anzeige 1
+ 1 Woche	Anzeige	Tageszeitung Anzeigenblatt	Anzeige 1
+ 2 Wochen	Anzeige	Tageszeitung Anzeigenblatt	Anzeige 1
+ 4 Wochen	Anzeige	Tageszeitung	Anzeige 1
+ 2 Monate	Anzeige	Tageszeitung Anzeigenblatt	Anzeige 1
+ 3 Monate	Anzeige	Tageszeitung Anzeigenblatt	Anzeige 1
+ 4 Monate	Anzeige	Tageszeitung Anzeigenblatt	Anzeige 1
+ 5 Monate	Anzeige	Tageszeitung Anzeigenblatt	Anzeige 1
+ 6 Monate	Redaktioneller Bericht	Tageszeitung Anzeigenblatt	Pressemittlung „Danke für die ersten 6 Monate"
	Anzeige	Tageszeitung Anzeigenblatt	Anzeige 2

Die redaktionellen Berichte hat der Existenzgründer mit Hilfe eines Freundes für die Redaktionen bereits vorbereitet. Darin ist alles das enthalten, was für den Kunden des neuen Dienstleistungsunternehmens wichtig ist:

Hausmeisterservice für Haus und Hof: Hausmeisterservice in Musterstadt

Tropfende Wasserhähne reparieren, verstopfte Rohre reinigen, Rasen schneiden oder Hof fegen - diese Arbeiten, ungeliebt und oft hinausgeschoben, gehören jetzt der Vergangenheit an. Ab sofort bietet Carsten Wolters allen Hausbesitzern in Musterstadt und Umgebung seinen Hausmeisterservice an.

„Ich habe schon immer gerne kleinere Reparaturen am Haus meiner Eltern erledigt. Gartenarbeit macht mir auch viel Spaß. Mit meinem Hausmeisterservice kann ich meine persönlichen Vorlieben und meinen Beruf miteinander verbinden." So begründet der junge Mann mit handwerklicher Ausbildung seinen Schritt in die Selbstständigkeit.

Angesprochen sind alle privaten Hausbesitzer oder Mieter, die kleinere Reparaturen oder Pflegeleistungen durchführen alssen wollen. Wohnungsbaugesellschaften, Geschäftsinhaber und Unternehmen gehören schon zu den ersten Kunden. Die Palette der angebotenen Tätigkeiten reicht vom Tapezieren der Wohnung über kleinere Reparaturen und Instandhaltungsarbeiten an der Heizungsanlage und den sanitären Einrichtungen bis hin zur Gartenpflege. „Auch das Fensterputzen, z. B. im Wintergarten, wird erledigt. Für größere Arbeiten habe ich gute Kontakte zu den örtlichen Handwerkern, die ich vermittle und überwache. Eine komfortable Lösung für meine Kunden, die sich möglichst wenig mit diesen Tätigkeiten beschäftigen wollen oder können," ist sich der Jungunternehmer sicher.

Gleichgültig, ob eine regelmäßige Pflege vereinbart oder die Hilfe des Hausmeisterservice für ein einmaliges Problem benötigt wird – unter der Rufnummer 01 70/99 99 99 ist Carsten Wolters rund um die Uhr zu erreichen. Unter 0 22 22/99 99 99 sind sein Büro in der Schützenstraße und sein Fax angeschlossen. Eine Nummer, die man sich merken sollte.

Gleichzeitig mit dem redaktionellen Beitrag, der allerdings nicht immer wie gewünscht der Pressemitteilung entnommen wird, erscheint zur Gründung des Unternehmens eine Anzeige, die in den folgenden fünf Monaten regelmäßig wiederholt wird. Auch diese Anzeige hat Carsten W. mit seinem Bekannten gemeinsam entworfen (siehe nächste Seite).

Mit diesen Aktionen, die durch mehrere Telefonate des Jungunternehmers mit örtlichen Industriebetrieben unterstützt wurden, konnte bereits nach kurzer Zeit ein ausreichend großer Kundenstamm geworben werden.

IN ERINNERUNG BLEIBEN BEISPIEL

Johanna W. gründete einen Bestellservice, bei dem die Kunden aus ganz Deutschland anrufen und für verschiedene Versandunternehmen Bestellungen aufgeben können. Johanna W. war klar, dass die telefonische Erreichbarkeit ein wesentlicher Erfolgsfaktor sein würde.

Darum hat Sie sich gleich zu Beginn bei der Telekom eine Vanity-Nummer geben lassen. Diese Nummern sind für den Anrufer kostenlos (0800) und haben auch noch einen weiteren Vorteil: Die Nummern können auch als Text verstanden werden. Die Ziffern werden dabei mit den auf jedem modernen Telefon vorhandenen Buchstaben übersetzt. Die 2 steht für die Buchstaben A, B und C, die 9 für W, X, Y und Z. Es ist also möglich, Buchstaben und Wörter als Telefonnummer anzugeben.

Johanna W. hat deshalb den Namen Ihres Unternehmens ganz bewusst so gewählt, dass sie die Ziffernfolge zugeteilt bekommen konnte: 0800 2378355. Die Ziffern hinter der Vorwahl ergeben den ersten Teil des Firmennamens BESTELL-service. Die Kunden wählen also 0800 BESTELL.

Checkliste zur Überprüfung Ihrer Geschäftsidee

Abschließend finden Sie hier noch eine kleine Checkliste, anhand derer Sie Ihre Geschäftsidee noch einmal unter den verschiedenen genannten Gesichtspunkten überprüfen können. Selbstverständlich finden Sie diese Checkliste auch auf Ihrer CD-ROM.

CHECK **PRÜFEN SIE IHRE GESCHÄFTSIDEE** CD-ROM

	ja	nein
Hat Ihre Geschäftsidee die praktische Überprüfung geschafft?	☐	☐
Konnten Sie den Markt bestimmen und die Marktparameter beschreiben?	☐	☐
Konnten Sie eine Marketingstrategie für Ihre Geschäftsidee entwickeln?	☐	☐
Haben unabhängige Stellen Ihre Geschäftsidee für gut befunden (Banken, Berater, Verbände, ...)?	☐	☐
Würden Sie alles tun, um Ihre Geschäftsidee umzusetzen?	☐	☐
Können Sie Erfahrungsberichte über Gründungen mit gleicher oder ähnlicher Geschäftsidee erhalten?	☐	☐
Ist Ihre Geschäftsidee im Falle einer Ich-AG auch nach Wegfall der Förderung durch das Arbeitsamt ausreichend lukrativ?	☐	☐

Welche Voraussetzungen muss ich erfüllen?

Wer sich selbstständig machen will, muss etliche Regelungen und Vorschriften beachten. Das gilt für eine Reihe von handwerklichen Berufen aber auch für das Gewerbe.

Dazu bietet Ihnen dieses Kapitel

- Informationen, welche Regeln für Sie zutreffen,
- welche Qualifikationsnachweise Sie wann bei welchen handwerkliche Tätigkeiten benötigen und
- welche Sondergenehmigungen sie gegebenenfalls beantragen müssen.

Gewerbefreiheit mit Einschränkungen

In der Bundesrepublik Deutschland herrscht Gewerbefreiheit. Das bedeutet für Sie, dass Sie sich entsprechend Ihrer Geschäftsidee selbstständig machen dürfen, ohne besondere Anforderungen zu erfüllen. So weit die Theorie. In der Praxis gibt es von der grundsätzlichen Gewerbefreiheit erhebliche Ausnahmen, die vorgeblich gemacht werden, um den Verbraucher zu schützen.

BEISPIEL

NICHT JEDES GEWERBE IST WIRKLICH FREI

Carsten W. ist Geselle im Heizungsbau und arbeitet in einem kleinen Unternehmen. Schon immer wollte er sich selbstständig machen und seine Kunden individuell bedienen. In seiner Heimatstadt war Platz für einen zusätzlichen selbstständigen Heizungsbauer, das hatte ihm seine Marktanalyse gezeigt. Viele neue Baugebiete für junge Familien wurden ausgewiesen. Diese waren auf eine preiswerte Möglichkeit, ihre Heizung fachgerecht installiert zu bekommen, angewiesen. Das wollte ihnen Carsten W. bieten.

Zu Anfang sollte die Garage im Haus seiner Eltern ausreichen, sein Büro konnte er unter dem Dach einrichten. Ein gebrauchter Transporter war schnell gefunden, die Kontakte zu den Lieferanten wurden hergestellt. Schon in den letzten Tagen der Beschäftigung für seinen alten Arbeitgeber erstellte Carsten W. die ersten Angebote, die er wegen der geringen Nebenkosten besonders günstig kalkulieren konnte.

Zeit für die Gewerbeanmeldung fand er erst, nachdem die ersten Aufträge angenommen und die ersten Arbeiten begonnen waren. Seine Mitbewerber vor Ort, die selbstverständlich den Raum für ein zusätzliches Unternehmen nicht sahen, hatten die Gewerbeaufsicht informiert. Nach der Mahnung des Gewerbeaufsichtsamts fand Carsten W. sich auf der Behörde ein, um sein Gewerbe anzumelden. Dort war dann plötzlich nichts mehr zu spüren von der Gewerbefreiheit. Die Informationen, die der Existenzgründer dort erhielt, beendeten seinen Ausflug in das Unternehmerdasein ganz schnell. Carsten W. verfügte nicht über die notwendigen Voraussetzungen, das Handwerk des Heizungsbauers selbstständig auszuüben.

Schutz vor Scharlatanen oder vor der Konkurrenz

Jedem rational denkendem Menschen wird klar sein, dass sich nicht jeder, der sich dazu berufen fühlt, als Arzt niederlassen und seine Mitmenschen behandeln kann. Dazu ist eine umfangreiche fachliche Kenntnis notwendig, die derjenige, der eine Existenz als Arzt gründen will, nachweisen muss. Diese Vorschrift schützt den Verbraucher - den Patienten - vor Fehlleistungen.

Doch auch derjenige, der in Ihrem Haus eine Mauer zieht oder zumindest dafür verantwortlich ist, muss vor dem Gesetz eine besondere Befähigung nachgewiesen haben. Er muss für das Handwerk den Meisterbrief besitzen. Dies ist die Voraussetzung für die Eintragung in die Handwerksrolle, die allein zur selbstständigen Ausübung des Handwerks berechtigt. Diese Einschränkung für viele Berufe und Möglichkeiten, sich eine eigene Existenz aufzubauen, scheint vielen recht antiquiert.

Die Gewerbefreiheit ist für unterschiedlichste Berufe eingeschränkt. Grundsätzlich gibt es zwei Gruppen:

- die Handwerksberufe und
- die Gewerbe, für die eine Sondergenehmigung notwendig ist.

Der Existenzgründer muss also prüfen, ob seine Geschäftsidee ein solches Gewerbe umfasst und, falls dies so ist, ob er die notwendigen Genehmigungen erhalten kann.

Eine Ausnahme stellen die freien Berufe dar. Diese betreiben kein Gewerbe und müssen dies daher auch nicht anmelden, wenn sie die Tätigkeit nicht in einem Unternehmen betreiben, das als Kapitalgesellschaft (z. B. GmbH) anmeldepflichtig ist. Für die meisten dieser Berufe, z. B. für Ärzte, Steuerberater oder Rechtsanwälte, gelten Voraussetzungen, die sich auf die fachliche Qualifikation beziehen. Aber auch die finanziellen und baulichen Voraussetzungen werden u. U. geprüft. Andere freie Berufe, wie z. B. der Schriftsteller, benötigen keinerlei Qualifikationsnachweis. Informationen darüber geben die Standesorganisationen, die IHK oder das Gewerbeaufsichtsamt.

Ähnlich werden auch Landwirte behandelt, die laut Definition ebenfalls kein Gewerbe betreiben. Sie unterliegen wie die freien Berufe den Vorschriften ihrer Standesorganisationen.

Welche handwerklichen Tätigkeiten einen Qualifikationsnachweis benötigen

Die Ausbildung in Handwerksberufen ist streng geregelt. Bereits im Mittelalter gab es Lehrlinge, Gesellen und Meister, die in den Zünften organisiert waren. Die Aufgabe der Zünfte, nämlich die Überwachung der Ausbildung, die Bestellung von Meistern und das Regeln des Miteinanders haben die Handwerkskammern übernommen. Sie wachen eifersüchtig über die Rechte ihrer Mitglieder, die selbstständigen Meisterunternehmen.

Für zurzeit 94 Berufe gibt es eine Handwerksordnung, die für einen einheitlichen Kenntnisstand der Gesellen und Meister sorgt. Als Zimmerer, Dachdecker, Glaser oder Gerüstbauer dürfen Sie sich nur dann selbstständig machen, wenn Sie eine Meisterprüfung abgelegt haben. Die Anforderungen für das Bestehen dieser Prüfung werden von der Handwerkskammer festgelegt.

Die Einschränkungen gelten nur dann, wenn das Gewerbe in Form eines Handwerks ausgeübt wird. Industrieunternehmen, die z. B. Metall verarbeiten, benötigen keinen Metallbaumeister. Der Tischler, der seine Dienste den Kunden in einem Ladengeschäft anbietet, benötigt einen Meisterbrief, der für die industrielle Herstellung von Möbeln nicht verlangt wird.

Eine juristische Person kann keine Meisterprüfung ablegen. Wird das Handwerksunternehmen also beispielsweise in Form einer GmbH geführt, reicht es aus, wenn dort ein fest angestellter Mitarbeiter mit dem entsprechenden Meisterbrief als technischer Betriebsführer (Konzessionsträger) beschäftigt wird. Dies muss bei der Gewerbeanmeldung angegeben werden. Dieser Meister trägt dann die handwerkliche Verantwortung.

Eine Übersicht über die handwerklichen Berufe, für die Sie in einer selbstständigen Tätigkeit einen Meisterbrief benötigen, finden Sie auf Ihrer CD-ROM. Die Zahl der Handwerksberufe mit Meisterzwang wurde von 94 auf

41 reduziert. Uhrmacher, Bäcker, Konditoren, Raumausstatter, Weber oder Vergolder u. a. sollen dann selbstständig ohne Meisterbrief ein Geschäft betreiben dürfen. In diesen so genannten „Zulassungsfreien Handwerksgewerben“ besteht bei der Ausführung der Tätigkeiten nach Ansicht des Gesetzgebers keine Gefahr für die Gesundheit oder das Leben Dritter. Voraussetzung für die selbstständige Ausübung dieser Handwerke ist der Nachweis einer gewissen Anzahl von Jahren als Geselle in diesem Beruf. Auf der CD-ROM sind die Handwerke, für die eine Befreiung von der Meisterpflicht zum jetzigen Zeitpunkt geplant ist, besonders gekennzeichnet. Bitte informieren Sie sich vor Ihrer endgültigen Entscheidung z. B. bei der Handwerkskammer (Adressen ebenfalls auf der CD-ROM) über den aktuellen Stand der Gesetzgebung.

Neben den Handwerksberufen, die nur mit Meisterbrief selbstständig ausgeübt werden dürfen, überwacht die Handwerkskammer in zurzeit 53 weiteren, handwerksähnlichen Berufen die selbstständige Ausübung. Wer also als Eisenflechter, Fuger, Fahrzeugverwerter, Rohr- und Kanalreiniger oder Kunststopfer in die Existenzgründung geht, muss dies auch der Handwerkskammer anzeigen. Dort wird er in das Verzeichnis der handwerksähnlichen Gewerbe eingetragen. Eine komplette Übersicht über diese handwerksähnlichen Gewerbe finden Sie auf Ihrer CD-ROM.

Schritte auf dem Weg in die handwerkliche Selbstständigkeit

- In einer dreieinhalbjährigen Ausbildung erlernt der junge Mensch die Grundlagen des Handwerks.
- Voraussetzung für die Meisterprüfung ist nach der Ausbildung eine mehrjährige berufliche Tätigkeit als Geselle in dem Handwerksberuf.
- In der Meisterschule werden dem angehenden Meister neben weiteren Berufskenntnissen die notwendigen Fähigkeiten über Menschenführung, Betriebsführung, Kalkulation usw. vermittelt.
- In der Meisterprüfung muss der Bewerber seine Kenntnisse und Fähigkeiten nachweisen. Der Meisterbrief ist der Beleg für die bestandene Prüfung und die Voraussetzung für die selbstständige Ausübung eines Handwerks.

Welche Gewerbe eine Sondergenehmigung erfordern

Auch wenn Sie weder Freiberufler noch Handwerker sind, kann Ihr Gewerbe erlaubnispflichtig sein. Für eine Anzahl von Gewerben wird eine Sondergenehmigung verlangt, die je nach Gewerbeart von bis zu drei Nachweisen abhängen kann. Die Nachweise muss der Existenzgründer bei der Gewerbeanmeldung und vor der Ausübung des Gewerbes erbringen.

ACHTUNG

FRÜHZEITIG INFORMIEREN

Informieren Sie sich frühzeitig über eventuell notwendige Nachweise für Ihr Gewerbe, damit sie diese bis zur Eröffnung Ihres Unternehmens auch beigebracht haben. Müssen Sie die Nachweise erst noch erwerben, kann das einige Zeit in Anspruch nehmen. Das verzögert in der Praxis immer wieder den Start des Projekts und damit auch den Erfolg.

Es gibt drei Arten von Nachweisen, die bei der Anmeldung genehmigungspflichtiger Gewerbe verlangt werden können:

- Für einige Gewerbe ist die persönliche Zuverlässigkeit nachzuweisen. Dazu werden z. B. ein polizeiliches Führungszeugnis, ein Auszug aus dem Gewerbezentralregister oder eine Unbedenklichkeitsbescheinigung des Finanzamts verlangt.
- Als sachliche Voraussetzungen werden z. B. die Räume, in denen das Gewerbe ausgeübt werden soll, oder die wirtschaftliche Leistungsfähigkeit (durch Auszug aus dem Insolvenz- oder dem Zentralschuldenregister) geprüft.
- Die fachliche Voraussetzung wird durch eine Ausbildung, ein Studium oder eine Weiterbildung nachgewiesen.

Welche Voraussetzungen erfüllt sein müssen und in welcher Form der Nachweis zu erbringen ist, hängt von der Art des Gewerbes ab und kann regional unterschiedlich sein. Hier eine kleine Auswahl, die Sie erweitert auch auf Ihrer CD-ROM finden.

CD-ROM

SACHLICHE UND FACHLICHE VORAUSSETZUNGEN

TABELLE

Gewerbe	Persönliche Zuverlässigkeit	Sachliche Voraussetzungen	Fachliche Voraussetzungen
Automatenaufsteller/ Spielgeräte mit Gewinnmöglichkeit	✓	-	Unbedenklichkeitsbescheinigung des Bundeskriminalamts
Bewachungsunternehmen	✓	✓	Unterrichtung durch die IHK
Buchführungshelfer	-	-	Ausbildung in kaufmännischem Beruf, als Steuer- oder Wirtschaftsberater und dreijährige Berufspraxis
Handel mit Waffen und Munition	✓	-	Fachkundeprüfung
Handel mit Sittichen und Wirbeltieren	✓	✓	Fachkundeprüfung
Personalvermittlung	✓	✓	Staatlich anerkannte Ausbildung
Häusliche und medizinische Pflegedienste	✓	-	Staatliche Prüfung

Die Gewerbe, die keiner Sondergenehmigung bedürfen, sind ohne Einschränkung von jedem zu betreiben. Sie werden lediglich beim Gewerbeaufsichtsamt angemeldet. Durchschnittlich sind ca. 30 Prozent der Gewerbeanmeldungen von der Erlaubnispflicht betroffen.

Schritte auf dem Weg zur Sondergenehmigung

Um die Sondergenehmigung für ein Gewerbe zu erhalten, sind folgende Schritte notwendig:

- Informieren Sie sich über die verlangten Nachweise.
- Prüfen Sie, ob Sie die persönlichen Voraussetzungen (Zuverlässigkeit) erfüllen. Ist dies nicht der Fall, ist Ihr Traum vom eigenen Gewerbe zumindest im geplanten Bereich zu Ende. Falls ja, besorgen Sie die notwendigen Unterlagen.
- Prüfen Sie, ob Sie die sachlichen Voraussetzungen erfüllen. Falls ja, besorgen Sie die notwendigen Unterlagen (Finanzbelege, Bauzeichnungen, ...). Falls die Voraussetzungen nicht gegeben sind, können Sie diese schaffen. Suchen Sie sich z. B. andere Räume für Ihr Gewerbe oder beschaffen Sie notwendiges Kapital.
- Prüfen Sie, ob Sie die fachlichen Voraussetzungen erfüllen. Falls ja, besorgen Sie die entsprechenden Diplome, Zeugnisse und Bescheinigungen. Falls nein, können Sie an den angebotenen Maßnahmen teilnehmen. Legen Sie die verlangte Fachkundeprüfung ab oder lassen Sie sich von der IHK unterweisen.
- Fügen Sie die gesammelten Nachweise der Gewerbeanmeldung bei.

Voraussetzungen als Chance begreifen

Trotz der Beschränkungen erfüllen immer wieder viele Existenzgründer die notwendigen Voraussetzungen, die der Gesetzgeber fordert. Auch Sie können Ihre Geschäftsidee verwirklichen, wenn Sie die erforderlichen Nachweise als Chance begreifen, Ihre Existenzgründung noch gründlicher vorzubereiten. Der Weg zum eigenen Unternehmen in einem genehmigungspflichtigen Gewerbe oder im Handwerk wird dadurch natürlich länger, was viele Wirtschaftsverbände in Deutschland bedauern.

Rechtzeitig informiert bleibt dem zukünftigen Unternehmer jedoch genügend Zeit, die Anforderungen zu erfüllen. Jedem dürfte klar sein, dass die Niederlassung als Arzt nur dann ein realistischer Traum sein kann, wenn bereits frühzeitig mit der entsprechenden Ausbildung begonnen wurde. Das gilt auch für alle anderen freien Berufe, die eine langjährige Ausbildung, Berufspraxis und eine Abschlussprüfung verlangen.

Einfacher ist es, eine Erlaubnis für ein Gewerbe mit Sondergenehmigung zu erhalten. Jeder, der keine unüberwindlichen persönlichen Hindernisse (z. B. eine einschlägige Vorstrafe) hat, hat die Chance, auch in einem erlaubnispflichtigen Gewerbe eine Existenz zu gründen.

Etwas langwieriger ist der Weg zu einem eigenen Handwerksbetrieb. Der steht Ihnen nur dann offen, wenn Sie bereits in Ihrer Ausbildung mit dem gewünschten Handwerk begonnen haben.

FÖRDERUNG MÖGLICH ACHTUNG

Um das Handwerk zu fördern, werden junge Gesellen, die sich zum Besuch der mehrjährigen Meisterschule bereit erklären, durch unterschiedliche Stellen gefördert. So zahlt der Staat eine Unterstützung (Meister-BAföG), Stipendien sind möglich. Manche Unternehmen unterstützen ihre Mitarbeiter bei der Weiterbildung.

Für besonders belastbare Anwärter gibt es auch die Möglichkeit, die Meisterschule nebenberuflich zu absolvieren. Dabei kommt es zu einer Mehrfachbelastung durch Schule, Beruf und Familie, die eine gute Probe für die spätere Selbstständigkeit darstellt.

Anhand der folgenden Checkliste, die Sie selbstverständlich auch auf Ihrer CD-ROM finden, erhalten Sie abschließend noch einmal einen Überblick darüber, unter welchen Gesichtspunkten Sie prüfen müssen, ob Sie alle erforderlichen Voraussetzungen für Ihr geplantes Unternehmen erfüllen.

VORAUSSETZUNGEN

	ja	nein
Handelt es sich bei Ihrem Vorhaben um ein Handwerk?	☐	☐
Verfügen Sie über die Voraussetzungen eines Handwerksmeisters?	☐	☐
Können Sie die Voraussetzungen für die Gründung eines Handwerksbetriebs schaffen?	☐	☐
Wollen Sie einen freien Beruf mit entsprechender Ausbildung ergreifen?	☐	☐
Verfügen Sie über diese Ausbildung?	☐	☐
Wollen Sie ein Gewerbe ausüben, das eine Erlaubnis oder Genehmigung benötigt?	☐	☐
Können Sie die persönlichen, fachlichen oder sachlichen Voraussetzungen erfüllen?	☐	☐

Neu gründen oder Bestehendes übernehmen?

Wer sich selbstständig machen will, hat mehrere Möglichkeiten. Er kann ein Unternehmen ganz neu aufziehen, oder ein bestehendes Unternehmen übernehmen. Eine weitere Möglichkeit besteht in der geliehenen Geschäftsidee, dem Franchising. Bei diesen drei Varianten müssen Sie jedes Mal ganz unterschiedliche Fragestellungen berücksichtigen.

In diesem Kapitel lesen Sie,

- was Sie bei einer Neugründung alles beachten müssen und welche Vor- und Nachteile sie mit sich bringt,
- wie Sie ein Unternehmen, das Sie kaufen wollen, bewerten und was Sie bei der Verhandlung des Kaufpreises berücksichtigen sollten,
- welche Chancen das Franchising Ihnen bietet und wie Sie unseriöse Angeobte erkennen.

Wenn Sie ein Unternehmen neu gründen

Wer von einer Existenzgründung spricht, meint in der Regel die neue Gründung eines Unternehmens, die neue Eröffnung eines Geschäfts oder Handwerksbetriebs. Doch dies ist nur eine von mehreren Möglichkeiten, sich den Traum von der Selbstständigkeit zu erfüllen. Die Übernahme eines bestehenden Geschäfts oder Unternehmens kann in bestimmten Konstellationen sinnvoll sein. Wachsend ist der Markt für mehr oder weniger erfolgreiche Geschäftsideen, das Franchising. Welcher Weg in die Selbstständigkeit der richtige ist, muss jeder Existenzgründer individuell für sich selbst entscheiden.

BEISPIEL

NEUE ZUKUNFT FÜR DIE SCHÄFER GMBH DURCH MBO

Die Schäfer GmbH arbeitet seit mehr als 50 Jahren als Dienstleister für die pharmazeutische Industrie. Sie verpackt Tabletten, Kapseln und andere Arzneiformen nach den Vorgaben der Auftraggeber. Eingebettet in einen großen Konzern der chemischen Industrie erlebte das Unternehmen in den letzten 20 Jahren keine Überraschungen. Im Zuge des Trends zur Konzentration auf das Kerngeschäft und weil der Mutterkonzern dringend Geld für andere Aufgaben benötigt, soll die Schäfer GmbH jetzt verkauft werden.

Karin T., Kurt B. und Michael S. kennen die Schäfer GmbH sehr genau. Seit mehreren Jahren leiten sie gemeinsam die Geschicke des Unternehmens als Geschäftsführerin, als kaufmännischer und als technischer Leiter. Selbstverständlich sind sie durch die Verkaufsabsichten beunruhigt, da auch sie die Reaktionen eines Käufers nicht vorhersehen können. Nach kurzer Überlegung erkennen sie jedoch auch die Chance, die sich ihnen hier bietet.

Gesprächen mit der Muttergesellschaft über die grundsätzliche Bereitschaft, die Schäfer GmbH an die Manager des Unternehmens zu verkaufen, folgen Gespräche mit den Banken über deren Bereitschaft, den Kauf zu finanzieren. Selbstverständlich wird auch von den Käufern ein Eigenanteil mit persönlichem Risiko verlangt. Die Kenntnisse der Manager über das Unternehmen, dessen finanzielle Lage, seine Möglichkeiten und Risiken haben diesen Einsatz leicht gemacht. An der neu gegründeten Beteiligungsgesellschaft wurden neben den drei Topmanagern weitere Führungskräfte beteiligt, die ebenfalls ihren Anteil zur Finanzierung dieses Management-Buy-out (MBO) beitragen wollen.

Mit dieser Konstruktion, dem Verkauf an die Manager des Unternehmens, steht die Schäfer GmbH jetzt vor einer Zukunft, die von den neuen Inhabern positiv gesehen wird. Der Einsatz der neuen Unternehmer für ihre eigene Existenz wird die Managementleistungen steigern und Vorteile für die Kunden verwirklichen. Doch auch das MBO steht vor risikoreichen Zeiten, denn auf dem Gebiet der Finanzierung und deren Kosten hat es die gleichen Probleme wie jede andere Existenzgründung auch.

Bei Existenzgründern spielt die Neugründung eines Unternehmens die wichtigste Rolle. Das Geschäft, das Gewerbe oder das Handwerk werden von Grund auf neu aufgebaut. Das bedeutet ein großes Risiko, da das neue Unternehmen nur schwer eingeschätzt und der Erfolg nur ungewiss geplant werden kann. Nachteilig wirkt sich bei der Neugründung im Vergleich zur Übernahme eines bestehenden Unternehmens vor allem aus:

- Der Kundenstamm muss vollkommen neu aufgebaut werden.
- Die Lieferantenbeziehungen müssen gefunden, geprüft und aufgebaut werden.
- Der Standort kann bei einem bestehenden Unternehmen, besonders im Einzelhandel, bereits den Kunden bekannt sein, während er im neuen Unternehmen noch bekannt gemacht werden muss.
- Die Mitarbeiter müssen gesucht und angelernt werden.
- Es müssen erst noch eventuell notwendige Genehmigungen eingeholt werden.

Bei einer Übernahme entfällt die risikoreiche Anlaufphase eines neuen Unternehmens. Der bestehende Betrieb arbeitet voll weiter und erwirtschaftet die bekannten Erfolge. Eine volle Existenz ist in der Regel sofort gesichert.

Dennoch bevorzugen Existenzgründer im Bereich des Einzelhandels, des Handwerks und der kleineren Betriebe die Neugründung. Das liegt an den beiden wichtigen Vorteilen, die eine Neugründung bietet:

- Die Neugründung ist in aller Regel preisgünstiger, da kein Kaufpreis für das bestehende Unternehmen gezahlt werden muss. Die Finanzierungskosten für den Kauf belasten die Ergebnisse der ersten Jahre nach dem Erwerb erheblich.
- Nur die Neugründung bietet dem Jungunternehmer die Möglichkeit, seine Vorstellungen vollständig umzusetzen. Er ist nicht an vorhandene Strukturen gebunden und kann losgelöst von der Vergangenheit sein Unternehmen optimieren.

Was Sie bei einer Übernahme beachten sollten

Anstelle einer Neugründung können Sie auch ein bestehendes Unternehmen übernehmen. Für diesen Vorgang gibt es mehrere Bezeichnungen, je nach der Situation:

- Beim Kauf übernimmt der Jungunternehmer den Betrieb oder das Geschäft von dessen bisherigem Inhaber. Der Grund dafür ist unbedeutend.
- Von Nachfolge wird gesprochen, wenn die Übernahme als Folge eines Rückzugs des bisherigen Inhabers aus Altersgründen erfolgt. Da sich immer seltener Nachfolger unter den Erben der Inhaber finden, stehen immer mehr Unternehmen aus Altersgründen zum Verkauf.
- Ein MBO liegt dann vor, wenn das Unternehmen an die eigenen Manager verkauft wird. Dabei werden meist mehrere Käufer in einer Beteiligungsgesellschaft, in die auch Banken einbezogen sein können, verbunden. Die Manager verbleiben in der Regel auf ihren Arbeitsplätzen.

- Bei einem MBI kaufen fremde Manager das Unternehmen und übernehmen auch die Aufgaben der Unternehmensführung auf der Managementebene.

Gleichgültig, welchen Namen die Übernahme des Unternehmens hat oder welche Gründe dahinter stecken, die Auswirkungen sind immer die gleichen: Der Existenzgründer kauft das Unternehmen mit allen Rechten und Pflichten.

VOR- UND NACHTEILE DER UNTERNEHMENSÜBERNAHME

+ VORTEIL	– NACHTEIL
Der Kundenstamm kann übernommen werden.	Der Kaufpreis des Unternehmens muss aufwändig ermittelt werden.
Lieferantenbeziehungen bestehen bereits und müssen nicht neu aufgebaut werden.	Vorhanden Strukturen und geschäftliche Ausrichtung des Unternehmens können den Existenzgründer einschränken.
Der Standort des Unternehmens ist den Kunden bekannt (wichtig im Einzelhandel).	Das bestehende Unternehmen muss gekauft werden. Die Vorteile werden durch den Kaufpreis ausgeglichen. Eine Finanzierung ist notwendig, Zinsbelastung kommt hinzu.
Genehmigungen für die Geschäftstätigkeit liegen vor (Achtung: gilt nicht für persönliche Genehmigungen des Inhabers).	Gerade in kleinen und mittleren Unternehmen sind die Kontakte zu Kunden, Mitarbeitern und Lieferanten oft auf die Person des Inhabers bezogen. Bei einem Wechsel gehen diese verloren, das Unternehmen verliert an Wert.
Es existieren bereits ausgebildete und bekannte Mitarbeiter.	

ACHTUNG

MITARBEITERRECHTE BEACHTEN

Bei einer Betriebsübernahme haben die Mitarbeiter des verkauften Unternehmens erhebliche Rechte. Sie behalten die Betriebszugehörigkeit und damit die daran gebundenen Rechte, zum Beispiel bezüglich der Kündigungsmöglichkeiten und -fristen. Das gilt selbst dann, wenn nicht der gesamte Betrieb übernommen wird sondern lediglich wichtige Teile (Kundenstamm, Patente, Fertigungsanlagen, ...).

Informieren Sie sich also vor einer eventuellen Betriebsübernahme, welche Rechte die Mitarbeiter haben. Müssen Sie Anpassungen des Mitarbeiterstammes durchführen, so müssen Sie u. U. einen Sozialplan aufstellen.

Der Vorteil für Sie als Existenzgründer, bei einem Kauf einen funktionsfähigen Betrieb zu übernehmen, kann sich in einen Nachteil verwandeln. Sie müssen von Anfang an beweisen, dass Sie auf allen Gebieten in der Lage sind, die Unternehmeraufgaben wahrzunehmen. Sie können nicht langsam lernen, wie Kundenbeziehungen gepflegt oder wie die Lieferprobleme gelöst werden. Sie sind sofort voll gefragt.

Die Praxis zeigt, dass gerade kleine und mittlere Unternehmen, die für eine Übernahme die besten Voraussetzungen haben, oft mit akutem Handlungsbedarf übergeben werden. Der bisherige Inhaber hat sich häufig mehr auf den Verkauf des Unternehmens konzentriert als auf dessen Probleme. Der Unternehmenskäufer muss sich daher auf eine sofortige Prüfung seiner Fähigkeiten gefasst machen.

Der Kaufpreis

Der größte Nachteil einer Unternehmensübernahme ist der Kaufpreis, der vom Käufer finanziert werden muss. Dabei tauchen gleich zwei Problemfelder auf: den Wert des Unternehmens zu ermitteln und der Kaufpreis, der die Kosten einer Neugründung häufig deutlich übersteigt.

Den Wert eines Unternehmens und damit seinen Kaufpreis zu ermitteln ist sehr schwer. Gerade im Mittelstand und in kleinen Unternehmen wird der Wert des Lebenswerks von den Alteigentümern meist erheblich überschätzt. Der Wertansatz ist vielfach von subjektiven Einflüssen geprägt. Geht der Existenzgründer auf diese überzogenen Vorstellungen ein, zahlt er einen zu hohen Preis. Will er seine geringeren Vorstellungen durchsetzen, wird er das Unternehmen oft nicht erhalten. In der Praxis finden sich immer wieder Käufe, die letztlich zu einem zu hohen Preis stattfanden. Das gefährdet das Unternehmen.

NEHMEN SIE BERATUNG IN ANSPRUCH ACHTUNG

Die Bewertung eines Unternehmens ist eine sehr komplexe Angelegenheit, auf die sich einige Spezialisten konzentrieren. Lassen Sie sich hier beraten, um einen für Sie akzeptablen Preis zu ermitteln. Als wirtschaftswissenschaftlicher Laie sind Sie wie viele andere auch dabei überfordert. Nur der Fachmann kann schnell und sicher beurteilen, welche Qualität die vorgelegten Zahlen haben und wie diese zu bewerten sind.

Der Kaufpreis liegt häufig weit über den Kosten, die eine Neugründung zunächst mit sich bringt. Auch die notwendigen Investitionen in den ersten Jahren werden unterschätzt. Das Unternehmen muss die Finanzierung und Tilgung des Kaufpreises auch erwirtschaften. Das belastet das Ergebnis manchmal so stark, dass die Existenzgründung letztlich scheitert.

Finden Sie einen Kompromiss

Vereinbaren Sie einen Kaufpreis, der als Kompromiss beiden Seiten etwas abverlangt. Vereinbaren Sie darüber hinaus, den Verkäufer in den ersten Jahren am Gewinn des Unternehmens zu beteiligen. Damit erreichen Sie, dass der Verkäufer einen insgesamt höheren Verkaufspreis erzielt und mit dem Verkauf einverstanden ist und dass der höhere Verkaufspreis nur dann gezahlt werden muss, wenn das Unternehmen diesen auch erwirtschaftet. Versuchen Sie, aus der Gewinnberechnung solche Bestandteile herauszuhalten, die sich auf Ihr Eingreifen (z. B. große Investitionen, Konzentration auf bestimmte Zielgruppen) zurückführen lassen. Außerdem erreichen Sie durch eine solche zukunftsbezogene Vereinbarung, dass der Verkäufer, sollte er noch für eine Übergangszeit im Unternehmen bleiben, sich wirklich engagiert, um den notwendigen Erfolg zu erzielen.

Wie Sie ein Unternehmen bewerten

Die Übernahme eines bestehenden Unternehmens bietet Ihnen oft Vorteile, aber nur, wenn das Angebot wirklich passt. Eine ausführliche Prüfung ist unbedingt notwendig. Diese Checkliste hilft Ihnen dabei.

BEURTEILUNG DES UNTERNEHMENS (ÜBERNAHME)

		Bemerkungen:
Entspricht das Unternehmen in etwa Ihrer Geschäftsidee?	ja ☐ nein ☐	____________
Wenn ja, welche ist das?		____________
Woher kennen Sie das Unternehmen?		____________
Welchen Ruf hat das Unternehmen bei Kunden, Lieferanten und anderen Partnern der Branche?		____________
Welche sind die wichtigsten Lieferanten?		____________
Welche Stärken hat das Unternehmen?		____________
Welche Schwächen hat das Unternehmen?		____________
Entsprechen die Produkte oder Dienstleistungen dem neuesten Stand der Technik?	ja ☐ nein ☐	____________
Wenn nein, wie hoch schätzen Sie den Aufwand für die Modernisierung? (in EUR)		____________

War das Ergebnis der letzten drei Jahre positiv?	ja ☐ nein ☐
Wenn nein, welche Gründe gibt es dafür?	
Reichen die erzielten Ergebnisse aus, um Ihre Kosten z.B. für die Finanzierung zu decken?	ja ☐ nein ☐
Wenn nein, wie können die Ergebnisse entsprechend verbessert werden?	
Wie hat sich die Branche in Umsatz und Ergebnis in den letzten drei Jahren entwickelt, wie das Unternehmen?	**Branche** **Unternehmen**
vor 3 Jahren	
vor 2 Jahren	
vor 1 Jahr	
Wenn die Entwicklung des Unternehmens von der der Branche abweicht, welche Gründe gibt es dafür?	
Welches technische Know How (Patente, Lizenzrechte, Exklusivverträge, ...) wird mit dem Unternehmen verkauft, welches bleibt beim bisherigen Eigentümer?	

Wenn technisches Know How beim bisherigen Eigentümer verbleibt, wie kann dieses ausgeglichen werden?		____________
Kann das Personal bei einem Übergang gehalten werden?	ja ☐ nein ☐	____________
Wenn nein, wie kann die entstehende Lücke ausgeglichen werden?		____________

Wägen Sie ab

Wenn Sie die Chance haben, ein bestehendes Unternehmen zu übernehmen, müssen Sie diese ganz persönlich gegen die Vorteile einer Neugründung abwägen. Wie beurteilen Sie die Risiken? Wie die Chancen? Wie teuer wird die Übernahme für Sie? Mit der Übernahme verschwindet auch ein Konkurrent vom Markt. Ist das ein Vorteil für Ihr Vorhaben?

Die geliehene Idee: Franchising

Wenn Sie sich als Unternehmer berufen fühlen, Ihr Risiko jedoch so gering wie möglich halten wollen, können Sie sich eine Geschäftsidee leihen. Rund 1.000 Franchisegeber bieten Konzepte und Produkte vom Fotohandel über Nachhilfe bis zu Fast-Food-Restaurants. Da diese Anbieter zum Teil enorme Vorleistungen erbracht und z. B. eine Marke aufgebaut haben, verlangen sie für ihr Konzept eine Gebühr vom Franchisenehmer.

- Der Franchisegeber stellt ein in der Praxis erprobtes und bewährtes Unternehmenskonzept zur Verfügung.
- Der Franchisenehmer wird geschult. Ihm wird das für die Geschäftsidee notwendige Know-how vermittelt.

- Der Geber unterstützt den Nehmer bei den allgemeinen unternehmerischen Aufgaben (Verwaltung, Controlling, z. T. Einkauf, ...).
- Durch überregionale Werbung, durchgeführt vom Franchisegeber, profitieren alle Franchisenehmer.
- Die Produktentwicklung wird zentral vom Franchisegeber durchgeführt oder zumindest dort koordiniert.

Für diese Leistungen muss der Franchisenehmer eine Gebühr bezahlen. Diese setzt sich zusammen aus

- einer Eintrittsgebühr, die bei Beginn der Zusammenarbeit fällig wird,
- einer laufenden Gebühr, die meist in Abhängigkeit vom Umsatz oder Rohgewinn, in manchen Fällen auch monatlich pauschal erhoben wird,
- einer Beteiligung an den übergreifenden Marketingaktivitäten (bei ca. 50 % der Franchisesysteme).

Manche dieser Franchisesysteme sehen vor, dass der Franchisenehmer die Produkte beim Franchisegeber einkauft. Die dabei beim Verkäufer entstehenden Margen sind auch eine Bezahlung für die Vergabe der Franchiserechte.

Sie als Franchisenehmer erhalten für diese Bezahlung ein hohes Maß an Sicherheit. Das Unternehmenskonzept ist am Markt erprobt. Der Franchisegeber kann Ihnen erfolgreiche Kollegen präsentieren. Sie bekommen das notwendige Know-how und eine intensive Betreuung. Dafür müssen Sie sich in der Ausgestaltung Ihrer Selbstständigkeit an die Vorgaben des Partners halten.

BEISPIEL **WO FRANCHISE BETRIEBEN WIRD**

Die meisten Franchisesysteme gibt es im Einzelhandel. Besonders erfolgreich ist der Fotohandel (Photo Porst, Foto Quelle). Aber auch Baumärkte (OBI) und Reisebüros (Schmetterlinge, TUI) sind in der Liste der gefragtesten Franchiseangebote vertreten. Andere sehr erfolgreiche Systeme haben Konzepte wie Sonnenstudios (Sunpoint, AYK), Nachhilfedienstleistungen (Schülerhilfe, Studienkreis) oder Fast-Food-Restaurants (McDonald's) im Angebot.

In Frankfurt am Main findet jährlich die Internationale Franchise-Messe statt, auf der mehrere hundert Angebote vorgestellt werden. Informationen gibt es unter 02 11/90 19 11 45 oder www.franchise-messe.com.

Die Eintrittskosten für einen Franchisenehmer können mehrere zehntausend Euro betragen. Solche Werte haben dafür gesorgt, dass auch unseriöse Anbieter am Markt auftauchen, Käufer finden, die Gebühr kassieren und dann keine weiteren Aktivitäten entfalten. Wie können Sie diese erkennen? Der Franchisegeber sollte allein aufgrund seiner laufenden Einnahmen ein Interesse daran haben, dass seine Franchisenehmer langfristig Erfolg haben. Daraufhin sollten Sie alle seine Aussagen überprüfen.

Die folgende Checkliste, die Sie auch auf Ihrer CD-ROM finden, zeigt Ihnen Anzeichen für ein möglicherweise unseriöses Franchiseangebot auf. Wenn Sie einige der folgenden Fragen mit Ja beantworten, sollten Sie vorsichtig sein.

CD-ROM

UNSERIÖSE FRANCHISEANGEBOTE ERKENNEN

CHECK

	ja	nein
Erfolgt die Information über das Franchisekonzept in einer Sammelveranstaltung in einem Hotel? Soll ein Gruppendruck erzeugt werden?	☐	☐
Beginnt der Kontakt mit einer Chiffre-Anzeige des Anbieters? Hat er etwas zu verbergen?	☐	☐
Sind die schriftlichen Informationen spärlich, unprofessionell und voller Flüchtigkeitsfehler? Will der Anbieter bereits jetzt Kosten sparen?	☐	☐
Nennt der Anbieter keine nachprüfbaren Referenzen von Franchisenehmern und anderen Partnern? Gibt es keine zufriedenen?	☐	☐
Sind die für Sie errechneten Gewinne außergewöhnlich hoch? Das könnte unrealistisch sein!	☐	☐
Nennt der Anbieter keine Pilotprojekte, die mit nachprüfbaren Ergebnissen die Berechnungen belegen? Gibt es keine?	☐	☐
Ist das Franchisehandbuch nur lückenhaft, unprofessionell und nicht fehlerfrei? Wurden auch hier Kosten gespart?	☐	☐
Werden Sie bei Ihrer Entscheidung unter Zeitdruck gesetzt? Sind nur noch wenige Angebote frei?	☐	☐
Sollen Sie eine Anzahlung leisten, um sich das Recht auf einen Vertrag zu sichern? Sie haben bei Vertragsabschluss ein einwöchiges Widerrufsrecht!	☐	☐

Was für einen Vertrag schließen Sie?

Sollten Sie die attraktiven Chancen, die Franchise bieten kann, nutzen wollen und haben Sie einen seriösen Franchisegeber gefunden, werden Sie einen entsprechenden Vertrag schließen. Dieser ist inhaltlich abhängig von dem Konzept und wird in der Regel vom Franchisegeber als dem stärkeren Partner vorgegeben. Achten Sie auf die folgenden Punkte:

- Stellen Sie fest, ob der Vertragsentwurf vom nationalen Franchise-Verband überprüft worden ist.
- Sie sollten frei entscheiden können, welche Rechtsform Ihr Unternehmen hat. Wegen der erweiterten Haftung drängen viele Franchisegeber auf den Betrieb als Einzelkaufmann, während für Sie als Franchisenehmer die Kapitalgesellschaft vorteilhafter ist.
- Die Geschäfte Ihres Unternehmens sollten möglichst auf eigene Rechnung und in Ihrem Namen abgeschlossen werden.
- Können Sie in der vorgesehenen vertraglichen Laufzeit der Zusammenarbeit Ihre Investitionen amortisieren? Besser ist eine unbegrenzte Laufzeit mit Kündigungsmöglichkeit nach einer Mindestlaufzeit.
- Üblich ist eine Verlängerungsoption, in der der Franchisenehmer die Verlängerung ohne Gegenleistung (z. B. neue Eintrittsgebühr) verlangen kann.
- Wie sind Geheimhaltungspflichten und Wettbewerbsverbote während des Vertrags und nach dessen Beendigung geregelt? Welche Sanktionen gibt es? Kann der Nehmer nach Vertragsende in der gleichen Branche tätig werden (Konkurrenzausschluss)?
- Welche Möglichkeiten gibt es, den Vertrag vorzeitig zu beenden (fristlose Kündigung bei Verstößen, Schadenersatz bei vorzeitiger Geschäftsschließung, ...)?
- Kann der Franchisevertrag auf einen Dritten übertragen werden (Verkauf des Geschäfts, Krankheit, Tod, ...)?
- Werden Mindestwerte (Umsatz, Einkauf, Gebühr) festgelegt?

Checkliste: Wege in die berufliche Selbstständigkeit

Die folgenden Fragen sollten Sie sich stellen, wenn Sie vor der Entscheidung stehen, welchen Weg in die berufliche Selbstständigkeit Sie gehen wollen. Selbstverständlich finden Sie diese Checkliste auch auf Ihrer CD-ROM.

VERSCHIEDENE WEGE PRÜFEN

	ja	nein
Kommt für Sie nur eine Neugründung in Frage?	☐	☐
Werden entsprechende Existenzen auf dem Markt für Unternehmensverkäufe angeboten?	☐	☐
Könnten Sie in ein bestehendes Unternehmen als Partner einsteigen?	☐	☐
Bietet sich Ihnen die Chance, Ihren jetzigen Arbeitgeber zu übernehmen?	☐	☐
Können Sie Ihre Vorstellungen in einem bestehenden Unternehmen verwirklichen?	☐	☐
Können Sie mit einer Neugründung sofort ausreichend Geschäftsvolumen erwirtschaften?	☐	☐

Wie bestimme ich den optimalen Standort?

Die Geschäftsräume müssen passen, wenn das Gründungsvorhaben langfristig erfolgreich sein soll. Immer spielt die Ausstattung der Räume eine Rolle, nicht immer deren Lage.

Lesen Sie in diesem Kapitel,

- welche Erfordernisse Sie bei der Auswahl der Geschäftsräume berücksichtigen sollten,
- welche Rolle der Standort für den Erfolg Ihres Unternehmens spielt und
- ob Sie die neuen Geschäftsräume besser kaufen oder mieten.

Welchen Raum benötigt Ihr Unternehmen?

Die Wahl des Standortes wird von drei Komponenten bestimmt:

1 Die Räume müssen den geplanten Aktivitäten entsprechen. Dabei sind u. U. auch gesetzliche Vorschriften zu beachten. Die Ausstattung, die Größe und die Lage des Standortes sind ausschlaggebend.

2 Die Räume müssen in der Gründungsphase finanzierbar sein. Zu aufwändige Räumlichkeiten verschlingen wertvolle finanzielle Mittel, nicht nur für die Miete oder den Kauf, sondern auch für den Unterhalt.

3 Der Standort muss auch für die zukünftige Entwicklung ausreichende Reserven bieten. Sieht die mittelfristige Planung bereits eine erhebliche Ausweitung des Unternehmens vor, so muss dies bei der Wahl des Standortes berücksichtigt werden.

BEISPIEL **PERSÖNLICHE VORLIEBEN NICHT ENTSCHEIDEND**

Dr. Urs Z. hatte es geschafft. Nachdem er seinen Doktortitel in der Physik erworben hatte, konnte er sich mit seinem Wissen und seinen Erfahrungen aus der Forschung über die Nanotechnologie als Berater selbstständig machen. Diese neue Technik dringt nach und nach in viele tägliche Anwendungen ein und immer mehr Unternehmen benötigen professionelle Hilfe bei der Nutzung der Technologie.

Der Erfolg ließ nicht lange auf sich warten, die ersten großen Aufträge mussten erledigt werden, Dr. Urs Z. benötigte Hilfe. Er kannte noch genügend potenzielle Mitarbeiter aus dem Institut und aus seiner Forschungstätigkeit, die er jetzt für sein junges Unternehmen zu gewinnen trachtete. Die Aufgabe war für alle reizvoll, die Bezahlung in Ordnung, die Chancen, mit dem kleinen Unternehmen zu wachsen, groß. Dennoch gelang es nicht, einen qualifizierten Mitarbeiter zu werben. Was war der Grund?

Der Existenzgründer hatte, vollkommen losgelöst von Kunden- und Lieferantenzwängen, seinen Lebenstraum erfüllt und sich an der Nordseeküste, weit ab von jedem Trubel, ein großes, einsames Haus gekauft. Dort hatte er auch sein Büro untergebracht und bei der Auswahl auf ausreichend Platz für Erweiterungen geachtet.

Doch die anderen Experten in der Nanotechnologie hatten wohl andere Vorstellungen von einer guten Lage. Niemand war bereit, in die Einsamkeit der deutschen Küstenregion zu ziehen. Es gab nichts, was die Wissenschaftler reizte. Die Fahrtzeiten aus den wenigen Zentren zum Haus waren einfach zu lang. Um dennoch seine Aufträge ausführen zu können und sein Unternehmen weiterzuentwickeln, musste Dr. Urs Z. ein Büro in seiner Universitätsstadt eröffnen. Er pendelte nun zwischen seinem Haus und seinem Büro mit allen Nachteilen und Zusatzkosten für die notwendigen Abstimmungen.

Neutral bleiben

Die Standortwahl wird in vielen Existenzgründungen subjektiv bestimmt. Der Heimat- oder der Wohnort werden als gegeben hingenommen. Ein Prestigestandort muss in manchen Fällen die fehlende Idee ersetzen. Bleiben Sie bei der Standortwahl vollkommen neutral. Suchen Sie den für Ihr Vorhaben günstigsten Standort. Wenn Sie diesen dann nicht nehmen, müssen Sie sich selbst gegenüber Gründe dafür finden.

Die Standortwahl bindet das Unternehmen unter Umständen lange Jahre. Daher sollten Sie ausreichend Zeit für die Suche nach den optimalen Räumen einplanen. Spätere Umzüge oder eine Teilung des Unternehmens verursachen unnötige Kosten.

Zunächst müssen Sie die Größe und die Art der für Ihre Existenzgründung notwendigen Räume bestimmen. Beides ist abhängig von der Gründungsidee und von Ihren Planungen. Es ist einleuchtend, dass z. B. ein Ladengeschäft andere Ansprüche stellt als ein Dienstleistungsunternehmen oder ein produzierender Betrieb. Der geplante Umfang bestimmt dabei die Größe der Räume.

Wie Sie die Raumgröße berechnen

Um die Berechnung der für Ihr Unternehmen benötigten Größe zu erleichtern, werden die einzelnen Raumarten getrennt behandelt. Eine optimale Größe kann Ihnen niemand nennen, da sie zu sehr von den individuellen

Gegebenheiten abhängt. Die Räume müssen passen, damit Sie und Ihre Mitarbeiter sich bei ihrer täglichen Arbeit auch wohl fühlen.

Raumbedarf für Ihr Unternehmen

Bei einem Dienstleistungsunternehmen werden zum Teil ähnliche Raumarten benötigt, die jedoch andere Bestimmungen und Schwerpunkte haben. Den größten Raumbedarf haben in der Regel die Gründer, die ein Produktionsunternehmen starten wollen.

TABELLE **RAUMBEDARF FÜR VERSCHIEDENE UNTERNEHMENSFORMEN** CD-ROM

Raumart	Größe
Raumbedarf für ein Einzelhandelsgeschäft	
Verkaufsfläche	abhängig von der Art der Ware und von geplantem Umfang; Durchschnittsgrößen der Branche (Umsatz/qm) beachten, damit Planumsatz erreichbar bleibt
Lager	für weitere Ware, damit Einkaufschancen genutzt werden können
Büro	eine abtrennbare Ecke reicht zu Beginn oft aus, Trennung von Büro und Laden nicht zu empfehlen
Nebenräume	Toiletten, Aufenthaltsräume
Raumbedarf für ein Dienstleistungsunternehmen	
Büro	Arbeitsplatz des Gründers und der Mitarbeiter, Bestimmungen der Berufsgenossenschaften beachten
Technikraum	für eventuelle Kommunikations- und Informationstechnik
Nebenräume	Besprechungs- und Repräsentationsräume, Toiletten, Aufenthaltsräume

Raumbedarf für ein Produktionsunternehmen	
Produktions-räume	abhängig von der Art der Fertigungsmaschinen und vom geplanten Umfang
Lager	für Rohstoffe, Teile und fertige Produkte, großer Kostenfaktor
Büro	zunächst für einfache Büroarbeiten, je nach Planung mehr notwendig
Nebenräume	Besprechungsräume, Ausstellungsräume, Toiletten, Aufenthalts- und Umkleideräume
Hoffläche	für kostengünstige Lagerung

Wie Sie die Raumqualität festlegen

Abgesehen von den gesetzlichen Vorschriften bei einigen erlaubnispflichtigen Gewerben bestimmt der Gründer allein, welchen Standard die Räume haben sollen. Selbstverständlich gibt es gewisse Zwänge, die sich aus der Art des gewünschten Gewerbes oder Handels ergeben. So benötigt eine Fleischerei einen Kühlraum und der Produktionsbetrieb kann nur solche Räume nutzen, die auch für die Traglast der Maschinen geeignet sind.

Systematisch vorgehen

Die Raumqualität wird individuell von Ihnen bestimmt. Das sollten Sie jedoch systematisch tun, indem Sie für jede Raumart bestimmte Mindestkriterien festlegen. Bestimmen Sie folgende Punkte:

- die Beschaffenheit des Bodens (Belag, Tragkraft),
- die Beschaffenheit der Wände (Art, Dicke, Verputz, Tragkraft),
- die Beschaffenheit der Decke (Art, doppelte Decke, Zugkraft),
- die Lichtbeschaffenheit (Kunstlicht, natürliches Licht),
- die Energieversorgung (Strom, Heizung, Wasser).

Dazu kommen spezielle Anforderungen, die sich aus der Aufgabe ergeben. So ist u. U. eine Schaufensterfront notwendig oder ein besonders sicherer Verschluss eines Raumes.

Je höher die Ansprüche an die Ausstattung der Räume sind, desto teurer werden diese. Um das Gründerbudget nicht zu sehr zu beanspruchen, müssen Sie daher in der Regel einen Kompromiss zwischen Ihren Wünschen und den Möglichkeiten Ihres Unternehmens schließen.

So finden Sie den richtigen Standort

Für viele Unternehmen spielt der Standort eine wichtige Rolle für den wirtschaftlichen Erfolg.

Der Einzelhandel beispielsweise benötigt einen Standort mit hoher Kundenfrequenz. Nur wenige Existenzgründer in diesem Bereich haben bereits ausreichend Stammkundschaft, die zu langen Wegen bereit ist, oder ein Angebot, das die Kunden auch von weit her anlockt. Erfolgreich sind Geschäfte in guten Lagen mit einer ausreichenden Möglichkeit, das Angebot darzustellen.

Auch das Umfeld ist entscheidend. In einer Innenstadt, die den Einkäufern alles bietet, werden sich genügend Kunden finden lassen. Ein starkes Angebot auf der grünen Wiese vor der Stadt hat nachteilige Auswirkungen auf alle Geschäfte in der gesamten Innenstadt.

Informieren Sie sich beim Einzelhandelsverband

Auskünfte über die Attraktivität der einzelnen Geschäftsstandorte kann der lokale Einzelhandelsverband geben. In den meisten Städten hat dieser ein entsprechendes Gutachten erstellen lassen, um die Ansiedlung von Großmärkten zu beurteilen. Sollte der Verband nicht auskunftsbereit sein, informieren Sie sich im Archiv der lokalen Tageszeitung, die sicherlich von diesem Gutachten berichtet hat.

VORTEIL	VOR- UND NACHTEILE VON 1A-LAGEN IM EINZELHANDEL — NACHTEIL
Die Kundenfrequenz ist wesentlich höher als in 1B-Lagen oder noch schlechteren Einzelhandelslagen.	Die Mieten für 1A-Lagen sind sehr hoch.
Kunden beurteilen Geschäfte in 1A-Lagen meist besser als die in anderen Lagen.	Die Erreichbarkeit mit dem PKW ist für die Kunden oft sehr schlecht.
Das Geschäft kann von attraktiven Veranstaltungen in der Nähe profitieren, da 1A-Lagen meist sehr zentral liegen.	Geschäftsräume in 1A-Lagen sind begehrt und damit nur selten im Angebot. Daher wird oft auch eine unpassende Größe oder ein unpassender Zuschnitt des Geschäftes akzeptiert.

Ein Produktionsbetrieb muss bei der Standortwahl weit mehr und andere Faktoren als die Kundenfrequenz und das Gesamtangebot beachten. In der Regel wird ein solches Unternehmen in einem Gewerbe- oder Industriegebiet angesiedelt. Achten Sie darauf, dass keine Umweltauflagen vorhanden sind, die Ihrem Unternehmen Probleme bereiten können (Abgase, Lärm, ...). Planungen und regionale Auflagen können aus den örtlichen Bauämtern in Erfahrung gebracht werden. Mischgebiete, in denen sowohl Wohnbebauung als auch Gewerbe und Industrie angesiedelt sind, können ebenso problematisch werden wie benachbarte Wohngebiete.

Die Verkehrsanbindung spielt eine wichtige Rolle, da die Materialien zum Unternehmen und die fertigen Produkte zum Kunden gebracht werden müssen. Die Logistik bestimmt in vielen Fällen die Abläufe und damit den Erfolg des Unternehmens. Und auch die Mitarbeiter möchten ihren Arbeitsplatz bequem erreichen können. Öffentliche Nahverkehrsmittel in erreichbarer Nähe sind ebenso von Vorteil wie ein naher Autobahnzubringer.

Soll Ihr Unternehmen eine Dienstleistung erbringen, haben Sie zwar hinsichtlich der Umwelt- und Umfeldbedingungen wenig Probleme mit der Standortwahl, jedoch ist die gute Erreichbarkeit für Ihre Mitarbeiter und

Kunden umso wichtiger. Hier sind kurze Wege Voraussetzung für den erfolgreichen Start in die Selbstständigkeit. Eine zentrale Lage mit Anschluss an Bahnhof und Flughafen bietet die besten Voraussetzungen.

Die Standortwahl ist also einer der Erfolgsfaktoren der Existenzgründung. Je intensiver Sie den richtigen Ort und die passenden Räume suchen, desto eher können Sie den optimalen Standort finden. Um Ihnen die Arbeit etwas zu erleichtern, folgen jetzt sowohl ein Ablaufvorschlag für Ihre Standortwahl als auch eine Checkliste zur Beurteilung eventueller Räumlichkeiten (auch auf Ihrer CD-ROM).

Standortwahl – was ist zu tun?

Benutzen Sie die folgenden Schritte für Ihre Standortwahl als Gerüst. Ergänzen Sie individuelle Tätigkeiten und streichen Sie die Schritte, die für Ihr Vorhaben nicht notwendig sind:

- Ermitteln Sie die Art der Räume, die Sie benötigen.
- Bestimmen Sie die Größe der Räume.
- Legen Sie die Mindestausstattung fest.
- Legen Sie ein maximales Budget für die Raumkosten Ihres Unternehmens fest.
- Bestimmen Sie die Region, in der Sie Ihr Geschäft betreiben wollen.
- Ermitteln Sie die Gebiete (Industrie-, Gewerbegebiet, Einkaufszonen), die für die Lage Ihres Unternehmens in Frage kommen.
- Prüfen Sie diese Lagen hinsichtlich eventueller Auflagen durch gesetzliche oder kommunale Vorschriften.
- Prüfen Sie eine mögliche zukünftige Entwicklung in diesen Gebieten und schätzen Sie das Risiko ein.
- Suchen Sie in den gewünschten Regionen einige Objekte, die zu vermieten oder zu verkaufen sind.

- Beurteilen Sie diese Objekte hinsichtlich deren Übereinstimmung mit Ihren Anforderungen.
- Prüfen Sie mit der Gemeinde, ob Fördermittel aus kommunalen Töpfen möglich sind.
- Prüfen Sie mit Ihrer Hausbank, ob andere Fördermittel, die von der Region abhängen, erreichbar sind.
- Entscheiden Sie sich für ein Objekt.

BEURTEILUNG VON STANDORTEN

	ja	nein
Ist die vom Kunden erwartete Lage gegeben (Einkaufszone, Businessbereich, ...)?	☐	☐
Ist die Lage für Mitarbeiter attraktiv?	☐	☐
Besteht eine ausreichende Verkehrsanbindung (Straße, Schiene, Flughafen)?	☐	☐
Ist die Versorgung mit Rohstoffen, Materialien und Energie gewährleistet?	☐	☐
Sind ausreichend Arbeitskräfte in der Region vorhanden?	☐	☐
Ist die Konkurrenz vor Ort vertreten?	☐	☐
Sind in der Region die notwendigen Verbände und Institutionen (IHK, Handwerkskammer, ...) aktiv?	☐	☐
Kann am Standort ausreichend Reservefläche bereitgehalten werden?	☐	☐

Neben den genannten Faktoren sind selbstverständlich auch die Kosten für die Räume bestimmend. In der Regel müssen Sie für gute Lagen und Standorte auch hohe Preise zahlen. Diese können sich jedoch sehr schnell amortisieren, wenn die Vorteile für Ihr Unternehmen wichtig sind.

Zu den Kosten, die vom Standort abhängig sind, gehört neben Miete bzw. Abschreibung und den Nebenkosten auch die Gewerbesteuer. Diese wird von den Gemeinden erhoben, und zwar in unterschiedlicher Höhe. Eine Übersicht der Gewerbesteuersätze deutscher Städte mit mehr als 50.000 Einwohnern können Sie unter www.ihk.de einsehen.

Was ist günstiger: kaufen oder mieten?

Grundsätzlich haben Existenzgründer zwei Möglichkeiten, eine Immobilie zu nutzen: Sie können sie mieten oder kaufen. In einigen Fällen bietet sich diese Alternative nicht, da z. B. die Ladengeschäfte in guter Lage meist nicht zum Verkauf stehen. Ansonsten ist das aber grundsätzlich eine Frage, die Sie möglichst noch vor Beginn der Suche entscheiden müssen.

Grundsätzlich entstehen Ihnen immer laufende Kosten. Die Mietkosten werden im Falle eines eigenen Gebäudes ersetzt durch die Abschreibungen und die Finanzierungskosten. Nebenkosten sind unabhängig von der Nutzungsform. Doch was ist günstiger für das Unternehmen?

BEISPIEL

BERECHNUNG DER LAUFENDEN KOSTEN

Kann ein Objekt für 500.000 EUR erworben werden und beträgt der für die Abschreibung maßgebliche Gebäudeanteil 300.000 EUR, so fallen jährlich die folgenden Kosten an:

Zinsen:	500.000 EUR zu 6 % = 30.000 EUR
Abschreibung:	300.000 EUR zu 2 % = 6.000 EUR
Summe:	36.000 EUR

Grob gerechnet kann man sagen, dass bei einer Miete von 3.000 EUR pro Monat beide Möglichkeiten gleichwertig sind. Liegt die Miete darunter, ist diese vorzuziehen, liegt sie darüber, sollten Sie kaufen. Berücksichtigen Sie, dass Sie als Eigentümer für Versicherungen und Reparaturen aufkommen müssen.

Einen wichtigen Aspekt müssen Sie bei einem Kauf der notwendigen Räume noch berücksichtigen: Erfahrungsgemäß ist die finanzielle Lage der meisten Existenzgründer angespannt. Die Finanzierung der Immobilie benötigt weitere Mittel. Selbst die Finanzierung durch einen Bankkredit kann meist keine Verbesserung der Situation bringen. Zum einen finanziert kaum eine Bank ein Gebäude zu hundert Prozent. Es bleibt also ein Eigenanteil, der die finanziellen Mittel beansprucht. Zum anderen rechnet die Bank die Hausfinanzierung auf das Gesamtrisiko an. Dadurch sinkt der Kreditspielraum für das Gesamtunternehmen.

Daher ist ein Kauf der notwendigen Gebäude und Grundstücke für Sie nur dann sinnvoll, wenn Sie über ausreichend finanzielle Mittel verfügen. Berücksichtigen Sie auch, dass Sie die im Gebäude gebundenen finanziellen Mittel u. U. besser für andere Aktivitäten ausgeben können, etwa für den Kauf einer teureren Maschine mit geringeren Herstellkosten oder für die Durchführung einer Marketingaktion, die den Erfolg Ihres Unternehmens sichern können. Hinzu kommt noch, dass Sie bei einer nicht geplanten Entwicklung (schnelleres Wachstum, Schließung des Unternehmens) bei Mietobjekten flexibler sind.

Mietverhältnis sicher machen

Da der langfristige Erfolg Ihres Unternehmens auch von der sicheren und langfristigen Verfügbarkeit der Räume abhängt, ist es notwendig, das Mietverhältnis korrekt und rechtssicher zu gestalten. Lassen Sie sich dabei unbedingt von einem Fachmann beraten oder lesen Sie die einschlägige Literatur zu diesem Thema.

Vor allem müssen Sie auf die folgenden Punkte achten, die bei gewerblichen Mietverträgen und für Ihr Unternehmen wichtig sind:

- Wer führt eventuell notwendige Umbauten in den gemieteten Räumen durch und wer bezahlt sie?
- Kann die Laufzeit des Mietvertrags auf fünf Jahre festgelegt werden und kann der Mieter vorzeitig kündigen (z. B. bei Aufgabe des Geschäfts oder bei ungeplant positiver Entwicklung)?

Vereinbaren Sie zum Ende der Mietzeit für sich eine Option, die Ihnen eine Verlängerung des Mietvertrags unter den gleichen Bedingungen erlaubt.

ACHTUNG

VERMIETEN SIE AN SICH SELBST

Wenn Sie über eigene Geschäftsräume verfügen, können Sie diese an Ihr Unternehmen vermieten. Sie erzielen dann neben den Einkünften aus Gewerbebetrieb auch Einkünfte aus Vermietung und Verpachtung. Das hat vor allem für Industriebetriebe steuerliche Vorteile. Klären Sie diesen Punkt mit Ihrem Steuerberater

Checkliste zur Wahl des Standortes

Die nachfolgende Checkliste soll Ihnen eine kleine Hilfestellung bei der Wahl des Standortes für Ihr neu zu gründendes Unternehmen geben. Möglicherweise müssen Sie sich auch in anderen Regionen als Ihrer Heimatregion nach einem Standort umsehen. Auch dies können Sie an Ihren Antworten erkennen. Selbstverständlich finden Sie diese Checkliste auch auf Ihrer CD-ROM.

CD-ROM

STANDORTWAHL CHECK

	ja	nein
Verlangt Ihre Geschäftsidee nach einem Standort mit bestimmten Voraussetzungen? Welche Voraussetzungen sind das?	☐	☐
Können Sie bestimmte Eigenschaften eines möglichen Standortes in Geld bewerten?	☐	☐
Gibt es den optimalen Standort in Ihrem regionalen Einzugsbereich?	☐	☐
Gibt es für Ihre Idee und in Ihrer Region ein ausreichendes Angebot an Standorten?	☐	☐
Benötigt Ihr Standort Wachstumspotenzial?	☐	☐
Wie teuer darf Ihr Standort sein, damit Ihr Budget noch aufgeht?	☐	☐
Benötigen Sie bei der Suche nach dem Standort professionelle Hilfe?	☐	☐

Wie finde ich die passende Rechtsform?

Nicht nur das Ansehen eines Unternehmens in der Geschäftswelt wird durch die Rechtsform bestimmt. Auch Finanzierung, steuerliche Vorschriften und Verwaltungsaufwand sind abhängig von der gewählten Rechtsform.

Entscheidend sind folgende Gesichtspunkte:

- Personengesellschaft oder Kapitalgesellschaft
- Volle Haftung oder Risikobeschränkung
- Allein oder mit Partnern
- große Unternehmen oder kleine

Für den Anfang: der Einzelunternehmer

Die Wahl der Rechtsform für das neue Unternehmen hat weitgehendere Auswirkungen, als sich die meisten Existenzgründer klar machen. Sie bestimmt in vielerlei Hinsicht wichtige Belange der Existenzgründung und hat damit Einfluss auf den Erfolg.

- Der steuerliche Aspekt betrifft die Tatsache, dass Kapitalgesellschaften mit einem anderen Steuersatz behandelt werden als natürliche Personen. Da der Gewinn einer Personengesellschaft den Steuerpflichtigen direkt zugeordnet wird, gibt es also Unterschiede z. B. zwischen einer GmbH und einem Einzelunternehmen.
- Die unterschiedliche Haftung der einzelnen Rechtsformen hat einen finanziellen Aspekt. Die Banken werden bei größerer Haftungsbasis auch höhere Kredite vergeben.
- Der rechtliche Aspekt ist für den Existenzgründer einer der wichtigsten Gründe für die Wahl der Rechtsform. Er betrifft nicht nur die persönliche Haftung, sondern auch die Möglichkeit, Einfluss zu nehmen, und die Notwendigkeit, bestimmte Richtlinien einzuhalten, die Kosten verursachen.

BEISPIEL

GESCHÄFTE MIT FOLGEN

Der Verkauf der hochwertigen Schuhe lief sehr gut. Karin M. war auch nach Abschluss des Weihnachtsgeschäfts noch guter Dinge. Es war die richtige Entscheidung gewesen, sich mit ihrer Freundin Katja A. in die Selbstständigkeit zu stürzen und ein kleines Geschäft für anspruchsvolle Schuhmode zu gründen. Karin M. konzentrierte sich auf die Verwaltung und den Einkauf, ihre Freundin auf den Kundenkontakt. Selbstverständlich wurden die Aufgaben auch schon mal getauscht, wenn dies notwendig war.

Erst in den ruhigen Tagen zwischen den Feiertagen fand die Jungunternehmerin die Zeit, die Unterlagen des kleinen Unternehmens zu ordnen. Dabei fand sie eine Auftragsbestätigung eines neuen Lieferanten aus Italien, der sich für einen riesigen Auftrag über hochmodische Mädchenschuhe bedankte. Viel zu teuer fand Karin M. die Ware, zur falschen Zeit gekauft und für eine Zielgruppe, die in ihrer Stadt nicht existierte, zumindest nicht für die bestellten Mengen.

Katja A. hatte sich im Trubel des vorweihnachtlichen Verkaufs vom Vertreter des Herstellers zu dieser Bestellung überreden lassen. Der Lieferant bestand auf Vertragserfüllung. Katja A. sei zur Bestellung berechtigt gewesen, der Auftragsbestätigung sei nicht widersprochen worden, alles sei in Ordnung. Dieser Meinung war auch der Rechtsanwalt, der von den beiden Existenzgründerinnen konsultiert wurde.

Die Lieferung der für das Geschäft unverkäuflichen Ware bildete das Ende des Unternehmens. Die Rechnung konnte nicht bezahlt werden, das Geschäft wurde geschlossen. Es blieben Zahlungsverpflichtungen, die jetzt von den Gläubigern gerichtlich eingetrieben wurden, und zwar sowohl bei Katja A. als auch bei Ihrer Freundin Karin M. Beide Frauen mussten mit ihrem Privatvermögen für den Fehler der einen haften. Mit der richtigen Rechtsform für die Partnerschaft wäre das nicht notwendig gewesen.

Lassen Sie sich beraten

Die Wahl der Rechtsform für Ihr Unternehmen hat Einfluss auf die finanzielle Lage, die steuerliche Behandlung und weitere Abläufe in Ihrer neuen Existenz. Nicht zuletzt kann Ihr persönliches Vermögen unnötig gefährdet werden, wenn Sie die falsche Wahl treffen. Sie sollten sich daher von einem Fachmann (Steuerberater, Rechtsanwalt) beraten lassen, um diese wichtige Frage optimal zu klären.

Die folgenden Ausführungen zur Rechtsform eines Unternehmens dienen Ihnen als erster Hinweis. Wie genau sich z. B. die steuerlichen Auswirkungen optimieren lassen, kann nur gesagt werden, wenn die individuelle Situation des Existenzgründers mit einbezogen wird.

Wechsel der Rechtsform?

Ein Wechsel zwischen den Rechtsformen ist möglich. Er verursacht zusätzliche Kosten und eventuell Erklärungsbedarf, gehört aber durchaus zur allgemeinen Praxis, solange er nur gelegentlich durchgeführt wird. Dadurch besteht die Möglichkeit, die Rechtsform so zu wählen, dass sie der jeweiligen Situation des Unternehmens optimal entspricht.

In der Einzelunternehmung spielt der Existenzgründer die wichtigste Rolle. Er oder sie ist die einzige Person, die das Unternehmen darstellt, und zwar vollständig. Es gibt keine Teilhaber und keine Beschränkungen. Die Einzelunternehmung wird automatisch als Rechtsform zugeordnet, wenn sich ein Einzelner ohne weitere Vereinbarungen selbstständig macht.

TABELLE **ÜBERBLICK: DAS EINZELUNTERNEHMEN** CD-ROM

Anzahl Beteiligte	Bei der Einzelunternehmung ist nur eine Person an der Existenzgründung beteiligt: der Existenzgründer selbst.
Gründungsformalitäten	Die Gründung der Einzelunternehmung erfolgt automatisch mit der Aufnahme der Geschäftstätigkeit. Es sind keine Formalitäten notwendig. Nur Vollkaufleute müssen sich ins Handelsregister eintragen lassen.
Kapital	Es gibt keine Anforderungen an ein Mindestkapital. Es muss auch kein Nachweis über ein eingezahltes Kapital geführt werden.
Haftung	Der Einzelunternehmer haftet für alle Verbindlichkeiten seines Unternehmens auch mit seinem gesamten Privatvermögen. Eine Einschränkung ist nicht möglich.
Einfluss	Nur der Einzelunternehmer bestimmt, wie die Geschäfte seines Unternehmens geführt werden.
Steuern	Die Gewinne und Verluste des Unternehmens werden als Einkünfte aus selbstständiger Tätigkeit in der persönlichen Steuererklärung des Einzelunternehmers angegeben. Damit unterliegen sie dem persönlichen Steuersatz des Existenzgründers.
Sonstiger Aufwand	Es bestehen keine weiteren Vorschriften, die den Betrieb einer Einzelunternehmung bestimmen.

Wegen ihrer einfachen Handhabung eignet sich die Einzelunternehmung als Rechtsform für die Gründung kleinerer Unternehmen, Handwerksbetriebe und Einzelhandelsgeschäfte, wenn nur ein Existenzgründer beteiligt ist. Für Kleingewerbetreibende ist dies auch die Rechtsform, die eine Buchführung nur dann verlangt, wenn bestimmte Bedingungen erfüllt sind (siehe dazu das Kapitel: Welche rechtlichen Vorschriften muss ich beachten?). Auch die Banken bevorzugen diese Rechtsform ihrer Kunden, da sie dadurch eine Ausweitung der Haftung durch das Privatvermögen des Existenzgründers erhalten.

Der Einzelunternehmer bestimmt uneingeschränkt, welchen Weg sein Unternehmen nimmt. Es gibt keine Partner, mit denen er sich abstimmen muss. Er allein vertritt das Unternehmen nach außen und wird für Fehler verantwortlich gemacht. Dafür haftet er mit seinem Privatvermögen. Diese umfassende Haftung kann nicht ausgeschlossen werden.

WENN SIE NICHT UNEINGESCHRÄNKT HAFTEN MÖCHTEN ! ACHTUNG

Wenn eine andere Rechtsform Ihre Haftung als Existenzgründer beschränken soll, müssen Sie diese vor Aufnahme Ihrer geschäftlichen Tätigkeit wählen, die Formalitäten müssen erledigt sein. Ist dies nicht der Fall, haften Sie wie Einzelunternehmer für die Verbindlichkeiten, die Ihnen vor der korrekten Eintragung entstehen. Das gilt auch noch Jahre nach Gründung des Unternehmens.

Wenn Sie zu mehreren sind: die GbR und die Partnerschaftsgesellschaft

In vielen Fällen ergänzen sich bei der Existenzgründung mehrere Personen mit ihren fachlichen Kenntnissen. Auch für diese Form der Zusammenarbeit gibt es eine Rechtsform, die sich automatisch ergibt, wenn bei der Aufnahme der unternehmerischen Tätigkeit keine andere Form gewählt wird: die Gesellschaft bürgerlichen Rechts (GbR). Wie der Name schon sagt, bestimmen sich die Rechte und Pflichten der Gesellschafter und die

Abläufe in der Gesellschaft nach dem geltenden Gesetz, dem BGB. Alle Unternehmensarten – Einzelhandel, Handwerk oder Industrieunternehmen – können in Form der GbR geführt werden, üblich ist dies jedoch fast ausschließlich im Einzelhandel und bei den freien Berufen.

TABELLE **ÜBERBLICK: DIE GBR** CD-ROM

Anzahl Beteiligte	Die Gesellschaft bürgerlichen Rechts benötigt mindestens zwei Existenzgründer, also zwei Gesellschafter. Die maximale Anzahl ist nicht vorgegeben.
Gründungsformalitäten	Die Gründung der GbR erfolgt automatisch mit der Aufnahme der Geschäftstätigkeit. Es sind keine Formalitäten notwendig. Vereinbarungen der Gesellschafter sollten in einem schriftlichen Vertrag festgehalten werden.
Kapital	Es gibt keine Anforderungen an ein Mindestkapital. Es muss auch kein Nachweis über ein eingezahltes Kapital geführt werden.
Haftung	Jeder Gesellschafter haftet für alle Verbindlichkeiten der GbR auch mit seinem gesamten Privatvermögen. Eine Einschränkung nach außen ist nicht möglich.
Einfluss	Grundsätzlich vertritt jeder Gesellschafter der GbR die Gesellschaft in allen Bereichen nach außen. Damit wird eine Abstimmung der Partner über alle wichtigen Belange des neuen Unternehmens notwendig. Im Innenverhältnis kann der Einfluss der Gesellschafter beschränkt werden.
Steuern	Die Gewinne und Verluste des Unternehmens werden anteilig als Einkünfte aus selbstständiger Tätigkeit in den persönlichen Steuererklärungen der Gesellschafter angegeben. Damit unterliegen sie dem persönlichen Steuersatz des jeweiligen Existenzgründers.
Sonstiger Aufwand	Es bestehen keine weiteren Vorschriften, die den Betrieb einer Gesellschaft bürgerlichen Rechts bestimmen.

Vertragliche Regelungen gelten nur im Innenverhältnis

Vertragliche Regelungen zwischen den Gesellschaftern einer GbR betreffen immer nur das Innenverhältnis der Gesellschafter untereinander. Gegenüber Außenstehenden haben diese Regelungen keinen Einfluss. Ist z. B. die Haftung eines Gesellschafters laut GbR-Vertrag beschränkt worden, können eventuelle Gläubiger dennoch ihre Forderungen bei diesem Gesellschafter eintreiben. Er hat durch den Vertrag lediglich das Recht, sich das Geld von den anderen Gesellschaftern zurückzuholen.

Der GbR-Vertrag

Ein GbR-Vertrag muss vor allem die folgenden Punkte regeln:

- Die Gesellschafter werden eindeutig im Vertrag bestimmt.
- Der Vertrag muss angeben, welchen Zweck die Gesellschaft bürgerlichen Rechts hat (z. B. den gemeinschaftlichen Betrieb eines Friseursalons).
- Die Pflichten der einzelnen Gesellschafter werden benannt. Vor allem die Leistung von Kapitaleinlagen sollte genau angeführt werden.
- Die Rechte der einzelnen Gesellschafter (z. B. bei der Vertretung der Gesellschaft) werden angeführt.
- Im Vertrag ist festzulegen, was mit den Vermögensteilen der Gesellschaft geschieht, wenn diese aufgelöst wird. Dazu kann es viele Gründe geben (Tod eines Gesellschafters, Rückzug eines Gesellschafters, Beendigung der Aufgabe, ...).

Einen ausgearbeiteten GbR-Vertrag finden Sie auf Ihrer CD-ROM. Sie können ihn direkt in Ihre Textverarbeitung übernehmen und Ihren jeweiligen Bedürfnissen und Gegebenheiten anpassen.

VERTRAGSREGELUNG GESCHÄFTSFÜHRUNG

Die Geschäftsführung kann in einem GbR-Vertrag beispielsweise so geregelt sein:

§ 5 Geschäftsführung

Zur Geschäftsführung und Vertretung der Gesellschaft ist jeder Gesellschafter allein befugt. Für alle Maßnahmen, die

- über die laufende Geschäftsführung hinausgehen oder
- einen Wert von 3.000 EUR überschreiten oder
- Dauerschuldverhältnisse begründen,

ist die Zustimmung aller Gesellschafter notwendig.

Die Partnerschaftsgesellschaft

Bisher haben viele Freiberufler die Rechtsform der GbR gewählt, wenn sie ihre Tätigkeit gemeinsam ausüben wollten. Diese Sozietäten waren bis vor kurzem – z. B. für Rechtsanwälte – die einzige Möglichkeit zusammenzuarbeiten, da ihnen durch ihr Standesrecht der Betrieb des Unternehmens als haftungsbeschränkte Kapitalgesellschaft untersagt ist. Das bedeutet jedoch, dass jeder Partner für die Fehler des anderen auch mit seinem Privatvermögen haftet. Die neue Partnerschaftsgesellschaft (PartG) regelt das Haftungsverhältnis in solchen Fällen neu. Für Fehler aus der Berufsausübung haftet in einer Partnerschaftsgesellschaft nur die Gesellschaft selbst und der Partner, der den Fehler begangen hat, mit seinem Privatvermögen. Damit ist die Partnerschaftsgesellschaft eine geeignete Rechtsform für viele Freiberufler, die gemeinsam eine Existenz gründen wollen. Die Gesellschaft muss beim Amtsgericht in das Partnerschaftsregister eingetragen werden, damit die Haftungsbeschränkung verbindlich ist.

Eigenständige Zusammenarbeit

Die Partnerschaftsgesellschaft eignet sich nicht nur für Freiberufler. Auch für Unternehmer, die gemeinsam ein Ziel erreichen, auf ihre Eigenständigkeit jedoch nicht verzichten möchten, ist die Partnerschaftsgesellschaft eine geeignete Rechtsform. Sie behalten ihre Eigenständigkeit als Unternehmer, dokumentieren jedoch ihren Kunden und Lieferanten gegenüber die Zusammenarbeit mit den Partnern.

Besondere Partnerschaften: die OHG und die KG

Existenzgründungen, die sich mit der Herstellung und dem Vertrieb von Waren beschäftigen, benötigen von Anfang an ein großes finanzielles Engagement der Gründer. Oft sind mehrere gleichberechtigte Partner vorhanden oder es werden Teilhaber, die sich jedoch nicht persönlich in der Gründungsgesellschaft engagieren wollen, in die Gesellschaft integriert. Dafür ist die GbR nicht ausreichend. Geeignet in solchen Situationen sind die offene Handelsgesellschaft (OHG) oder die Kommanditgesellschaft (KG).

Die offene Handelsgesellschaft

In der offenen Handelsgesellschaft werden gleichberechtigte Partner zusammengefasst. Gekennzeichnet ist die Gesellschaft dadurch, dass alle Gesellschafter die gleichen Vertretungsrechte haben, also jeder für sich allein für die Gesellschaft handeln kann, und dass alle Gesellschafter mit ihrem Privatvermögen für die Verbindlichkeiten des Unternehmens haften.

CD-ROM **ÜBERBLICK: DIE OFFENE HANDELSGESELLSCHAFT (OHG)** TABELLE

Anzahl Beteiligte	Es müssen mindestens zwei Gesellschafter vorhanden sein, um eine offene Handelsgesellschaft zu gründen. Die Existenzgründer müssen Vollkaufleute sein, Kleingewerbetreibenden steht diese Rechtsform nicht offen.
Gründungsformalitäten	Die offene Handelsgesellschaft wird im Handelsregister eingetragen. Entsprechend müssen Verträge aufgesetzt und Formulare ausgefüllt werden.

Kapital	Ein Mindestkapital ist nicht vorgesehen. Die Kapitalhöhe spielt für die Regelung der Haftung auch keine Rolle und kann daher frei im OHG-Vertrag geregelt werden.
Haftung	Die Gesellschaft haftet mit ihrem Vermögen für die eigenen Verbindlichkeiten. Darüber hinaus haftet jeder Gesellschafter in einer OHG mit seinem kompletten Privatvermögen. Daher sind Unternehmen mit dieser Gesellschaftsform bei den Banken sehr beliebt.
Einfluss	Alle Gesellschafter sind gleichberechtigt und dürfen die OHG in allen Belangen nach außen vertreten. Im Innenverhältnis kann eine Einschränkung der Vertretungsmacht einzelner Gesellschafter erfolgen.
Steuern	Die Gewinne und Verluste des Unternehmens werden anteilig als Einkünfte aus selbstständiger Tätigkeit in den persönlichen Steuererklärungen der Gesellschafter angegeben. Damit unterliegen sie den unterschiedlichen persönlichen Steuersätzen der Existenzgründer.
Sonstiger Aufwand	Eine OHG kann nur von Vollkaufleuten gegründet werden. Daher besteht für solche Gesellschaften die Buchführungspflicht, die auch den Jahresabschluss mit Bilanz und Gewinn- und Verlustrechnung einschließt.

Obwohl die offene Handelsgesellschaft wegen der umfangreichen Haftung ein hohes Ansehen bei allen Partnern des Unternehmens genießt, verliert sie immer mehr an Bedeutung. Das Risiko, für wirtschaftliche Fehler der Gesellschaft, ihrer Mitarbeiter und der Gesellschafter mit dem Privatvermögen haften zu müssen, ist in der heutigen Zeit kaum noch jemandem zuzumuten. Außerdem verlangt die OHG, dass sich alle gleichberechtigten Partner immer einig sind bzw. das akzeptieren, was die anderen Gesellschafter tun.

Die Kommanditgesellschaft

Der Vorteil der Partner, die Geld für die Unternehmensgründung zur Verfügung stellen, wird in der OHG mit der Teilung der Einflussmöglichkeit bezahlt. Obwohl die Gesellschafter vielleicht gar nicht in der Geschäftsführung der Gesellschaft mitarbeiten wollen, müssen sie in der OHG die gesamte Verantwortung tragen. Diese Nachteile werden mit der Kommanditgesellschaft (KG) beseitigt.

In der KG werden auch mehrere Gesellschafter an der Unternehmensgründung beteiligt. Sie werden jedoch in zwei Gruppen geteilt:

- Eine Gruppe stellt Geld zur Verfügung und haftet darüber hinaus mit ihrem Privatvermögen. Diese Komplementäre (oder Vollhafter) haben dafür das Recht, die Gesellschaft zu vertreten.
- Die zweite Gruppe stellt ebenfalls Kapital zur Verfügung, haftet aber darüber hinaus nicht. Diese Kommanditisten (oder Teilhafter) dürfen allerdings die Gesellschaft auch nicht vertreten.

CD-ROM **ÜBERBLICK: DIE KOMMANDITGESELLSCHAFT (KG)** TABELLE

Anzahl Beteiligte	Es müssen mindestens zwei Gesellschafter (ein Komplementär und ein Kommanditist) vorhanden sein, um eine Kommanditgesellschaft zu gründen. Die Komplementäre müssen Vollkaufleute sein, Kleingewerbetreibenden steht diese Rechtsform nicht offen.
Gründungsformalitäten	Die Kommanditgesellschaft wird im Handelsregister eingetragen. Entsprechend müssen Verträge aufgesetzt und Formulare ausgefüllt werden.
Kapital	Ein Mindestkapital ist nicht vorgesehen. Die Kapitalhöhe kann daher frei im KG-Vertrag geregelt werden.

Haftung	Die Gesellschaft haftet mit ihrem Vermögen für die eigenen Verbindlichkeiten. Darüber hinaus haftet jeder Komplementär in einer KG mit seinem kompletten Privatvermögen. Die Kommanditisten riskieren also maximal ihre Kapitaleinlage.
Einfluss	Die Vollhafter sind gleichberechtigt und dürfen die KG in allen Belangen nach außen vertreten. Im Innenverhältnis kann eine Einschränkung der Vertretungsmacht einzelner Gesellschafter erfolgen. Die Kommanditisten können keinen Einfluss auf die Unternehmenspolitik ausüben.
Steuern	Die Gewinne und Verluste des Unternehmens werden anteilig als Einkünfte aus selbstständiger Tätigkeit in den persönlichen Steuererklärungen der Gesellschafter angegeben. Damit unterliegen sie den unterschiedlichen persönlichen Steuersätzen der Existenzgründer.
Sonstiger Aufwand	Eine KG kann nur mit Vollkaufleuten gegründet werden. Daher besteht für solche Gesellschaften die Buchführungspflicht, die auch den Jahresabschluss mit Bilanz und Gewinn- und Verlustrechnung einschließt.

Die KG verliert ebenso wie die OHG in der Praxis an Bedeutung. Das Haftungsrisiko erscheint den meisten Existenzgründern zu hoch. Gemeinsam mit der GmbH kann die KG jedoch eine Rechtsform bilden, die die Vorteile der Personengesellschaft (für die Kommanditisten) mit denen der Kapitalgesellschaft verbindet (zur GmbH & Co. KG siehe S. 83 f.).

Ihr Risiko beschränken: die GmbH

Der Name ist Programm: Die Gesellschaft mit beschränkter Haftung beschränkt den Zugriff der Gläubiger im Falle eines Scheiterns der Existenzgründung auf das Vermögen der Gesellschaft. Das Privatvermögen der Gesellschafter wird nicht einbezogen, deren Risiko ist auf die Kapitaleinlage begrenzt.

ÜBERBLICK: DIE GESELLSCHAFT MIT BESCHRÄNKTER HAFTUNG

Anzahl Beteiligte	Eine Gesellschaft benötigt zwar laut Definition mindestens zwei Partner. Die Rechtsform der GmbH kann jedoch auch mit nur einem Gesellschafter betrieben werden.
Gründungsformalitäten	Die Gesellschafter müssen vor dem Notar einen Gesellschaftervertrag abschließen. Außerdem muss eine Satzung aufgestellt werden, die den Umgang der Partner miteinander und die Geschäftsführung regelt. Diese wird auch beim Amtsgericht, wo die Gesellschaft in das Handelsregister eingetragen wird, eingereicht.
Kapital	Das Mindestkapital für die Gründung einer GmbH beträgt 25.000 EUR. Dies muss mindestens zur Hälfte eingezahlt sein, im Falle eines Zugriffs der Gläubiger auf das Kapital muss die fehlende Hälfte von den Gesellschaftern nachgeschossen werden. Eine Sachmittelgründung (Einbringung des Kapitals in Form von Sachmitteln, z. B. Pkw) ist zulässig, sollte jedoch mit Gutachten über den Wert der eingebrachten Dinge abgesichert werden.
Haftung	Die Haftung der Gesellschafter ist auf ihre Kapitaleinlage beschränkt. Die Gläubiger können nur auf das Gesellschaftsvermögen zugreifen.
Einfluss	Die Gesellschafter bestimmen einen oder mehrere Geschäftsführer der GmbH. Diese müssen nicht Gesellschafter sein, sind dies aber in der Regel bei Existenzgründungen. Der oder die Geschäftsführer bestimmen im Rahmen der von der Gesellschafterversammlung vorgegebenen Richtlinien die Unternehmenspolitik. Da die Entscheidungen in der Gesellschafterversammlung mit der einfachen Mehrheit des Kapitals getroffen werden, benötigt der Existenzgründer, der die Unternehmenspolitik bestimmen will, etwas mehr als 50 % der Kapitalanteile.

Steuern	Die Gewinne der GmbH werden zur Zeit mit 25 % besteuert. Die bis vor kurzem vorgenommene Unterscheidung zwischen einbehaltenem und ausgeschüttetem Gewinn wird nicht mehr durchgeführt. Sobald der Gewinn an die Gesellschafter ausgeschüttet wird, sorgt ein System von Steuererstattung, Steuerbescheinigungen und Anrechnungen dafür, dass die GmbH-Gewinne der gleichen Besteuerung unterliegen wie die aus der Einzelunternehmung.
Sonstiger Aufwand	Die GmbH muss ihre Geschäfte in Form einer Buchhaltung dokumentieren. Jährlich muss eine Bilanz erstellt und unter bestimmten Bedingungen auch veröffentlicht werden. Dazu muss mindestens jährlich eine Gesellschafterversammlung einberufen und durchgeführt werden. Mit der GmbH ist also ein erheblicher Aufwand verbunden.

Eine Bank wird nur dann notwendige Finanzmittel zur Verfügung stellen, wenn Sicherheiten vorhanden sind. Ist in einer GmbH der Kreditrahmen, der sich durch deren Vermögen ergibt, ausgeschöpft und benötigt der Gründer weitere Mittel, wird die Bank ein persönliches Engagement des Unternehmers verlangen. Kredite werden daher nur dann vergeben, wenn der oder die Gesellschafter mit Teilen ihres Privatvermögens in die Haftung einsteigen. Versuchen Sie, diese Haftung auf bestimmte Teile Ihres Privatvermögens zu begrenzen, um den Vorteil der GmbH nicht vollständig aufzugeben.

ACHTUNG

EIGENKAPITAL AUFBAUEN

Durch die Besteuerung der GmbH-Gewinne mit nur 25 % erhält der Unternehmer die Möglichkeit, Eigenkapital in der Gesellschaft aufzubauen, wenn er persönlich mit einem höheren Steuersatz belastet ist. Im Einzelunternehmen werden alle Gewinne sofort mit dem höheren persönlichen Steuersatz versteuert. Die Steuerzahlung bedeutet eine finanzielle Belastung, da das Geld das Unternehmen verlässt.

Die geringere Besteuerung der GmbH-Gewinne sorgt dafür, dass weniger Geld aus der Gesellschaft abfließt. Es steht dem Unternehmen also zur Verfügung, solange der Gewinn nicht ausgeschüttet wird. Ist der Unternehmer auf die Ausschüttung des Gewinns zur Bestreitung seines Lebensunterhalts nicht angewiesen, z. B. weil er als Geschäftsführer seiner GmbH ein Gehalt von der Gesellschaft erhält, kann das vor allem bei Existenzgründern notwendige Eigenkapital schneller gebildet werden als in einer Einzelunternehmung.

Der GmbH-Vertrag

Eine GmbH kann nur mit schriftlichem Vertrag vor einem Notar geschlossen werden.

- Neben den Gesellschaftern benennt der Vertrag auch den Beginn der Gesellschaft. Dies hat Auswirkungen auf die Haftungsbegrenzung, die erst mit diesem Tag, frühestens jedoch mit dem Eintrag ins Handelsregister greift.
- Die Höhe des Stammkapitals, dessen Verteilung auf die Gesellschafter und die Zahlungsweise (Termin, Bareinzahlung, ...) werden festgelegt.
- Der Gegenstand der Gesellschaft wird beschrieben. Hier gilt es, die Beschreibung nicht zu eng zu fassen. Gerade neue Unternehmen müssen sich oft nach einiger Zeit in einem verwandten Gebiet neu orientieren. Die Veränderung des Gegenstands zieht auch eine Veränderung der Eintragung im Handelsregister nach sich (Kosten, Notar, ...).
- Im GmbH-Vertrag wird die Geschäftsführung geregelt. Wie wird ein Geschäftsführer berufen, wie abberufen? Erfolgt die Vertretung allein oder gemeinsam mit einem anderen Gesellschafter oder einem Prokuristen? Solche Fragen werden beantwortet.
- Neben den Regularien für eine Gesellschafterversammlung (Einberufung, Einladung, Beschlüsse) und für die Gewinnverwendung (Ausschüttung, Verteilung) werden die Beendigung des Gesellschaftsverhältnisses oder das Ausscheiden eines Gesellschafters behandelt.

Einen ausgearbeiteten GmbH-Vertrag finden Sie auf Ihrer CD-ROM. Sie können ihn direkt in Ihre Textverarbeitung übernehmen und Ihren jeweiligen Bedürfnissen und Gegebenheiten anpassen.

Die Euro-GmbH

Haftungsbeschränkende Gesellschaftsformen wie die GmbH gibt es auch in anderen Ländern. Dabei sind diese meist mit weniger umfangreichen Vorschriften versehen wie in Deutschland. Steigender Beliebtheit unter Existenzgründern in Deutschland erfreut sich die Limited (Ltd.) aus Großbritannien, da sie den geringsten staatlichen Anforderungen in Europa unterliegt. Diese Rechtsform wird nach anfänglicher Skepsis auch von den Industrie- und Handelskammern empfohlen, wenn sie für die Geschäftsidee passt. Ein entsprechendes Unternehmen kann ohne Einschränkungen auf dem deutschen Markt tätig werden, steuerlich wird es wie ein inländisches Unternehmen behandelt. Ein Wohn- oder Firmenort in Großbritannien ist nicht notwendig. Der Nutzung der vielen Vorteile steht nichts mehr im Wege, nachdem das Amtsgericht Hamburg entschieden hat, dass eine Durchgriffshaftung auf die Gesellschafter einer Euro-GmbH nur dann möglich ist, wenn bereits bei der Gründung ein Rechtsmissbrauch vorlag.

- Die englische GmbH (Limited) beschränkt die Haftung auf ein Eigenkapital, das faktisch nicht vorhanden ist. Die Gründung ohne Stammkapital ist möglich.
- Der Gründungsvorgang ist schnell und unbürokratisch durchzuführen und verursacht daher nur wenig Kosten.
- Die laufenden Verpflichtungen wie Veröffentlichung der Jahresabschlüsse, Gesellschafterversammlungen usw. sind wesentlich geringer als im deutschen Pendant zur Euro-GmbH. Das spart Kosten in der laufenden Betreuung.
- Eine Eintragung in ein Handelsregister erfolgt nicht. Das spart Kosten und Zeit. Mit der Übergabe der Gründungsurkunde können die Ge-

schäftsführer im Namen der Gesellschaft tätig werden. Eine Zeit der vollen Haftung für die Gesellschafter bis zur Eintragung besteht nicht.

- Der Firmenname kann mit wenigen Ausnahmen frei gewählt werden. Er unterliegt nicht dem strengen Reglement aus Deutschland.

BERATEN LASSEN ACHTUNG

Einige Rechtsanwaltskanzleien oder ausländische Firmen haben sich auf die Gründung und Begleitung der Euro-GmbH in Form einer englischen Ltd. spezialisiert. Sie verfügen über Firmenmäntel, die bei Bedarf entsprechend umgestaltet werden können. Die Kosten für eine entsprechende Gründung liegen dabei unter 500 EUR, der Zeitbedarf dafür bei einer Woche. Sie benötigen für die Gründung einer Euro-GmbH kompetente Beratung. Viele deutsche Anwaltskanzleien wollen oder können diese leider nicht geben.

Die Anerkennung einer Euro-GmbH als gleichwertigen Partner schreitet weiter fort. Es gibt jedoch noch einige Hindernisse, die überwunden werden müssen. So sind vor allem die Banken noch immer skeptisch und verweigern gerade kleinen Neugründungen die notwendige Finanzierung, wenn sie in Form einer Limited auf dem Markt erscheinen. Damit ist dann auch in der Regel der Weg an die Fördertöpfe versperrt. In vielen Branchen ist die Verwendung der englischen GmbH bereits üblich und ruft keine Vorbehalte bei den Geschäftspartnern hervor. Dazu gehören vor allem die Medien- und die Musikbranche. In Bereichen der Wirtschaft, wo viele kleine konservative Unternehmen zu Ihren Partnern zählen, sollten Sie die Verwendung der Euro-GmbH als Gesellschaftsform gründlich durchdenken.

Erleichterungen vor allem für Gründer

Nach der Verabschiedung des Gesetzes zur Modernisierung des GmbH-Rechts und zur Bekämpfung von Missbräuchen (MoMiG) können Existenzgründer viele Vorteile nutzen. Nach der Zustimmung des Bundesrates sollte das ab Ende 2008 möglich sein.

Mit dem MoMiG hat die Politik auf zunehmende Kritik an den starren Vorschriften der GmbH reagiert. Vor allem die verbreitete Verwendung der englischen Limited, die für den Gründer auch erhebliche, auf den ersten Blick nicht immer erkennbare Nachteile mit sich bringt, soll gestoppt werden. Dazu enthält die Gesetzesnovelle drei Schwerpunkte: die verringerten Anforderungen an die Kapitalausstattung, die Beschleunigung bei der Eintragung und der verbesserte Gläubigerschutz.

Verringerte Kapitalanforderung

Das Stammkapital einer deutschen GmbH liegt bei mindestens 25.000 EUR. Dieser für junge Unternehmer oft zu hohe Betrag hat viele Gründungen als Limited nach englischem Recht verursacht. Die neue Rechtslage bringt eine Einstiegsvariante der GmbH, die haftungsbeschränkte Unternehmensgesellschaft, die auch ohne eigenes Kapital gegründet werden kann.

- Es handelt sich um eine GmbH, die ohne Mindeststammkapital gegründet werden kann. Es handelt sich nicht um eine neue Rechtsform.
- Aus den Gewinnen der GmbH ist eine Rücklage zu bilden, bis das Mindeststammkapital einer üblichen GmbH (25.000 EUR) erreicht ist. Dazu sind 25 % des Jahresgewinnes in diese Rücklage einzustellen.
- Die Gesellschaft führt als Rechtsform im Namen die Angabe „Unternehmensgesellschaft (haftungsbeschränkt)“ oder „UG (haftungsbeschränkt).

Beschleunigte Eintragung

Als Anlage im GmbH-Gesetz finden sich jetzt zwei Musterprotokolle, die für einfache GmbH-Gründungen (maximal drei Gesellschafter, keine Sacheinlagen) verwendet werden können. Damit werden drei bisher vom Notar erstellte Dokumente (der Gesellschaftsvertrag, die Geschäftsführerbestellung und die Gesellschafterliste) zusammengefasst. Die Musterprotokolle müssen allerdings weiterhin von einem Notar beglaubigt werden. Dennoch lassen sich damit Zeit und Kosten bei der Gründung einsparen.

Außerdem ist die Eintragung einer GmbH ins Handelsregister jetzt auch ohne Vorliegen einer eventuell notwendigen Genehmigung (z.B. für Handwerker oder Restaurants) möglich. Eine externe Begutachtung von Sacheinlagen oder der Nachweis der tatsächlichen Erbringung der Bareinlagen darf das Gericht nur noch dann verlangen, wenn Hinweise auf Missbrauch vorliegen. Auch das dürfte zur Beschleunigung beitragen.

Verbesserter Gläubigerschutz

Für Existenzgründer ist es besonders gefährlich, wenn ein Kunde seine Schulden nicht begleicht. Ist dieser Kunde in der Rechtsform der GmbH organisiert, dann kann das Eintreiben der Forderungen sehr anstrengend sein. Das MoMiG hat die Situation der Schuldner-GmbH verschlechtert und damit die des Gläubigers verbessert.

- So muss im Handelregister eine deutsche Geschäftsanschrift angegeben werden. Damit dürften die Kontaktaufnahme und die Zustellung von Mahnbescheiden vereinfacht werden.
- Zusätzlich erhalten die Gesellschafter einer GmbH neue Pflichten, wenn sich die Gesellschaft in Zahlungsschwierigkeiten befindet und der Geschäftsführer nicht mehr greifbar ist. Jetzt muss jeder Gesellschafter, der vom Insolvenzgrund und der Führungslosigkeit der GmbH Kenntnis hat, die Insolvenz anmelden. Damit werden die finanziellen Probleme der Gesellschaft schneller bekannt und weiteres Unheil kann verhindert werden.

Mit diesen Regelungen sind wichtige Hürden vor allem für Existenzgründer genommen. Die für viele interessante Rechtsform der GmbH wird auch für junge und kleine Unternehmen sinnvoll.

Die GmbH & Co. KG

Um die Vorteile einer Personengesellschaft mit denen einer Kapitalgesellschaft zu vereinen, wurde die GmbH & Co. KG geschaffen. Bei dieser Rechtsform handelt es sich um eine Kommanditgesellschaft mit einer GmbH als Komplementär und einem oder mehreren Kommanditisten. Da die Haftung der GmbH beschränkt ist, gilt dies auch für die Haftung der GmbH & Co. KG.

TABELLE **ÜBERBLICK: DIE GMBH & CO. KG** CD-ROM

Anzahl Beteiligte	Eine GmbH & Co. KG kann von einer Person gegründet werden. Diese kann alleiniger Gesellschafter einer Ein-Personen-GmbH sein, die als Komplementär eintritt und gleichzeitig der Kommanditist der KG.
Gründungsformalitäten	Zunächst muss die GmbH mit notariellem Vertrag und Statuten gegründet und ins Handelsregister eingetragen werden. Die KG wird ebenfalls eingetragen. Entsprechend müssen Verträge aufgesetzt und Formulare ausgefüllt werden.
Kapital	Die haftende GmbH benötigt ein Mindestkapital von 25.000 EUR, für die KG bestehen keine Vorschriften.
Haftung	Die Gesellschaft haftet mit ihrem Vermögen für die eigenen Verbindlichkeiten. Darüber hinaus haftet die GmbH ebenfalls mit deren Vermögen, da sie Vollhafter ist. Die Kommanditisten riskieren maximal ihre Kapitaleinlage.
Einfluss	Die GmbH als Komplementär kann allein die Geschäftsführung der KG übernehmen. In der Regel wird der Geschäftsführer der GmbH die KG vertreten. Die Kommanditisten können keinen Einfluss auf die Unternehmenspolitik ausüben.

Steuern	Die Gewinne und Verluste des Unternehmens werden anteilig als Einkünfte aus selbstständiger Tätigkeit in den persönlichen Steuererklärungen der Gesellschafter angegeben. Damit unterliegen sie bei den Kommanditisten den unterschiedlichen persönlichen Steuersätzen der Existenzgründer. Die GmbH muss ihren Gewinnanteil entsprechend der Körperschaftsteuer unterwerfen.
Sonstiger Aufwand	Eine KG kann nur mit Vollkaufleuten gegründet werden. Daher besteht für solche Gesellschaften die Buchführungspflicht, die auch den Jahresabschluss mit Bilanz und Gewinn- und Verlustrechnung einschließt. Hinzu kommt, dass auch die GmbH buchführungspflichtig ist und einen eigenen Jahresabschluss erstellen muss. Es fallen also doppelte Kosten an.

Kleiner Anteil, große Haftung

Um das Vermögen der voll haftenden GmbH in einer GmbH & Co. KG nicht zu sehr anwachsen zu lassen und damit die Haftungsgrundlage zu erhöhen, hält die GmbH in der Regel nur einen kleinen Anteil an der KG. Die größeren Anteile kommen regelmäßig von den Kommanditisten. Damit hat die Gesellschaft auch die notwendige finanzielle Ausstattung, die Fremdkapitalgeber für notwendig erachten.

Neue Gesellschaftsform: die kleine AG

Eine weitere Kapitalgesellschaft ist die Aktiengesellschaft (AG), die ihr Eigenkapital über den Verkauf von Aktien besorgt. Diese werden in der Regel an einer Börse frei gehandelt. Umfangreiche Pflichten (Veröffentlichung der Jahresabschlüsse, unterjährige Informationen usw.) sollen dabei die Aktionäre schützen. Diese Rechtsform ist für eine typische Existenzgründung nicht empfehlenswert.

Wenn jedoch besonders viel Eigenkapital für die Gründung benötigt wird und dieses unkompliziert gestreut werden soll, steht seit einigen Jahren auch in Deutschland die kleine AG als Rechtsform zur Verfügung. Dabei bezieht sich das Wort „klein“ im Namen nicht auf den Umfang des Unternehmens, sondern auf die Anzahl der Aktionäre. Die Aktien einer kleinen AG werden nicht an einer Börse gehandelt. Daher entfallen auch viele der Pflichten einer AG.

TABELLE **ÜBERBLICK: DIE KLEINE AG** CD-ROM

Anzahl Beteiligte	Die kleine AG kann von nur einer Person gegründet werden.
Gründungsformalitäten	Die kleine Aktiengesellschaft wird ins Handelsregister eingetragen. Notarielle Verträge und Statuten sind notwendig.
Kapital	Die kleine AG muss mit einem Kapital von mindestens 50.000 EUR gegründet werden. Das Kapital wird in kleinere Beträge geteilt und in Form von Aktien auf die Gesellschafter verteilt. Neue Gesellschafter können durch Ausgabe neuer Aktien einfach beteiligt werden.
Haftung	Die Gesellschaft haftet mit ihrem Vermögen für die eigenen Verbindlichkeiten. Die Aktionäre verlieren maximal den Kaufpreis für ihre Aktien.
Einfluss	Der Unternehmensgründer kann alleiniger Aktionär und Vorstand der kleinen AG sein. Damit kann er den gesamten Einfluss auf sein Unternehmen behalten. Er muss jedoch einen Aufsichtsrat mit mindestens drei Personen installieren, der die Arbeit des Vorstands kontrolliert.
Steuern	Die Gewinne unterliegen der Körperschaftsteuer. Sie werden bei Ausschüttung in Form von Dividenden an die Aktionäre so gestellt, dass sie maximal mit dem persönlichen Steuersatz belastet werden.

Sonstiger Aufwand	Für die kleine AG besteht selbstverständlich Buchhaltungspflicht. Jahresabschlüsse müssen erstellt werden. Regelmäßig tagt der Aufsichtsrat. Darüber hinaus sind einige Vorschriften aus dem Aktienrecht zu berücksichtigen.

Mit der kleinen AG können Sie als Existenzgründer unkompliziert und ohne den Einfluss über das Unternehmen zu verlieren zusätzliche Gesellschafter beteiligen. Mitarbeiter können durch Belegschaftsaktien motiviert, Kunden durch eine Beteiligung an das Unternehmen gebunden werden. Vor allem auf Gebieten mit neuer Technologie (Informationsverarbeitung, Chemie, Genforschung, ...) kann auf diese Weise Geld für die Unternehmensgründung gefunden werden.

Vertragsmuster und andere Hilfestellungen

Für jede Gesellschaftsform ein vollständiges Vertragsmuster abzudrucken würde den Rahmen dieses Buches sprengen. Diese Muster finden Sie jedoch auf Ihrer CD-ROM, direkt zum Übernehmen in Ihre Textverarbeitung. Stellvertretend sei hier der Auszug eines GmbH-Vertrags abgedruckt:

Gesellschaftsvertrag
der
________________________ GmbH

§ 1 Firma, Sitz

(1) Die Firma der Gesellschaft lautet

____ GmbH.

(2) Sitz der Gesellschaft ist

____

§ 2 Gegenstand des Unternehmens

Gegenstand des Unternehmens ist die Herstellung, der Einbau und der Vertrieb von ______________________________.

§ 3 Stammkapital, Stammeinlagen

(1) Das Stammkapital der Gesellschaft beträgt EUR 25.000, - (fünfundzwanzigtausend Euro).
(2) Auf das Stammkapital übernehmen
Herr ______________________ EUR ____________________
Die ______________________ GmbH EUR ____________________
(3) Die Stammeinlagen sind in Geld zu erbringen; sie sind mit Gründung in voller Höhe zur Zahlung fällig.
-- Anfang Alternative --
Alternative für § 3 bei Teileinzahlung
(1) Das Stammkapital der Gesellschaft beträgt EUR 25.000,– (fünfundzwanzigtausend Euro).
(2) Auf das Stammkapital übernehmen
Herr ______________________ EUR ____________________
Die ______________________ GmbH EUR ____________________
(3) Die Stammeinlagen sind in Geld zu erbringen. Sie sind mit Gründung in Höhe von je 50 % zur Zahlung fällig; der Restbetrag ist auf Anforderung der Geschäftsführung zahlbar.
Alternative für § 3 bei Sacheinlage
(1) Das Stammkapital der Gesellschaft beträgt EUR 25.000,– (fünfundzwanzigtausend Euro).
(2) Auf das Stammkapital übernehmen
Herr ______________________ EUR ____________________
Die ______________________ GmbH EUR ____________________
(3) Der Gesellschafter ________ erbringt seine Stammeinlage in Höhe von EUR ________ dadurch, dass er seine Einzelfirma in ___________ (eingetragen im Handelsregister von _______ unter HRA _____) mit allen Aktiva und Passiva einbringt. Der Wert der Einzelfirma wird auf EUR ______ festgesetzt. Der den Betrag der Stammeinlage übersteigende Wert von EUR __________ wird dem Gesellschafter _________ als Darlehen gutgeschrieben. Die Einbringung erfolgt aufgrund gesonderten Einbringungsvertrags, den der Gesellschafter ________ und die Gesellschaft nach Beurkundung dieses Gesellschaftsvertrags abschließen und dessen Text diesem Vertrag als Anlage beigefügt ist.
-- Ende Alternative --

§ 4 Geschäftsführung, Vertretung
(1) Die Gesellschaft hat einen oder mehrere Geschäftsführer.

(2) Bei nur einem Geschäftsführer wird die Gesellschaft durch diesen allein, bei mehreren Geschäftsführern durch zwei Geschäftsführer gemeinschaftlich oder einen Geschäftsführer in Gemeinschaft mit einem Prokuristen vertreten.
(3) Alle Geschäfte und Handlungen, die die Vermögens-, Finanz- und Ertragslage der Gesellschaft erheblich beeinflussen oder die besonders risikobehaftet sind, bedürfen der vorherigen Zustimmung der Gesellschafterversammlung.
Der Katalog zustimmungsbedürftiger Geschäfte im Einzelnen ist Bestandteil einer Geschäftsordnung, die die Gesellschafter gesondert beschließen.
(4) § 4 Abs. 3 gilt auch für Geschäfte, über die die Gesellschaft als Gesellschafterin anderer Gesellschaften zu beschließen hat.
(5) Die Gesellschafter können die Vertretung und Geschäftsführung durch Gesellschafterbeschluss abweichend regeln und Einzel- statt Gesamtvertretung anordnen, die Geschäftsführungsbefugnis einschränken oder erweitern sowie Befreiung von den Beschränkungen des § 181 BGB erteilen.
(6) Die Gesellschafter können Geschäftsführer durch Beschluss entgeltlich oder unentgeltlich von ihrem obliegenden Wettbewerbsverbot befreien.

§ 5 Geschäftsjahr
Geschäftsjahr ist das Kalenderjahr.

§ 6 Bekanntmachungen der Gesellschaft
Bekanntmachungen der Gesellschaft erfolgen nur im Bundesanzeiger für die Bundesrepublik Deutschland.

§ 7 Gründungsaufwand
Die Kosten dieses Vertrags und seines Vollzugs im Handelsregister sowie die anfallenden Steuern und Gebühren der Gründung (insbesondere Anwalts- und Steuerberatungshonorare, Notar- und Handelsregistergebühren einschließlich der Kosten der Bekanntmachung, etwaige Kosten der Gründungsprüfung sowie etwaige sonstige Kosten) trägt die Gesellschaft bis zu einem Höchstbetrag von EUR 2.500,-.
usw.

Überblick über die Unternehmensformen

Die Wahl der Rechtsform für Ihr neues Unternehmen richtet sich vor allem nach der Art der Existenzgründung und nach Ihren Wünschen. Andere Gegebenheiten müssen einfach hingenommen werden.

		Einzelunternehmung	GbR/PartG	OHG	KG	GmbH	GmbH & Co. KG	Kleine AG
Gründer	nicht Kaufmann	Ja	Ja					
	Vollkaufmann	Ja	Ja	Ja	Ja	Ja	Ja	Ja
Anzahl Gründer	einer	Ja				Ja	Ja	Ja
	mehrere		Ja	Ja	Ja	Ja	Ja	Ja
Gründungs-formalitäten	gering	Ja	Ja					
	hoch			Ja	Ja	Ja	Ja	Ja
Mindestkapital	keines	Ja	Ja	Ja	Ja			
	ja					Ja	Ja	Ja
Haftung des Gründers	voll	Ja	Ja	Ja	Ja			
	beschränkt				Ja	Ja	Ja	Ja
Einfluss	uneinge-schränkt	Ja			Ja			Ja
	einge-schränkt		Ja	Ja		Ja	Ja	
Buchführungs-pflicht	einge-schränkt	Ja	Ja					
	uneinge-schränkt			Ja	Ja	Ja	Ja	Ja
Eintrag ins Handelsregister	freiwillig	Ja	Ja					
	Pflicht			Ja	Ja	Ja	Ja	Ja
Image bei Banken, Kunden, ...	angesehen	Ja	Ja	Ja	Ja			
	weniger gut					Ja	Ja	Ja
Jahresabschluss	geheim	Ja	Ja	Ja	Ja			
	veröffentlicht					Ja	Ja	Ja
Steuer	Einkommen-steuer	Ja	Ja	Ja	Ja			
	Körperschaft-steuer					Ja	Ja	Ja

So ist es für die meisten Gründungen im Einzelhandel, die einen kleinen Laden beinhalten, gar nicht möglich, eine andere Rechtsform als die der

Einzelunternehmung zu wählen, da keine Vollkaufleute vorhanden sind. Auch Handwerker wählen wegen der geringen Formalitäten und des besseren Ansehens bei den Kunden zunächst meist diese Rechtsform. Typische Industriebetriebe werden in der Regel als GmbH gegründet.

Die Übersicht auf Seite 114 zeigt Ihnen die Merkmale der einzelnen Rechtsformen und hilft Ihnen bei der Auswahl der optimalen rechtlichen Form für Ihre Existenzgründung.

Vor- und Nachteile der Haftungsbeschränkung

Bei KG, GmbH, GmbH & Co. KG sowie bei Kleinen AGen, ist die Haftung beschränkt. Der große Vorteil ist, dass durch die Haftungsbegrenzung wird das private Vermögen des Gründers und seiner Familie geschützt. Zudem wird durch die strikte Trennung von privatem und geschäftlichem Vermögen die Ermittlung des Erfolges vereinfacht. Nachteilig wirkt sich die Haftungsbeschränkung gerade in der Phase der Existenzgründung aus, weil die Wahl einer entsprechenden Unternehmensform die Vermutung aufkommen lässt, dass der Gründer selbst nicht überzeugt ist von seiner Idee. Geldgeber werden für Fremdkapital zusätzliche Sicherheiten auch aus dem Privatvermögen des Gründers verlangen. Und die Beurteilung der Kreditwürdigkeit durch Kreditversicherer wird schlechter ausfallen als bei Unternehmen ohne Haftungsbegrenzung. Zudem ist die Haftungsbegrenzung wiederum mit bestimmten rechtlichen Vorschriften verknüpft (z.B. Buchhaltungspflicht für Kapitalgesellschaften).

Die optimale Rechtsform des Unternehmens hängt von vielen Parametern ab. Prüfen Sie Ihre individuelle Situation durch diese Checkliste die Sie selbstverständlich auch auf Ihrer CD-ROM finden.

RECHTSFORM DES UNTERNEHMENS

		Bemerkungen:
Gibt es eine Rechtsform, die in Ihrer Branche üblich ist?	ja ☐ nein ☐	______
Wenn ja, welche ist das?	______	
Führen Sie die Gründung mit Partnern durch?	ja ☐ nein ☐	______
Wenn ja, wie viele Partner sind das?	______	
Wenn Sie Partner haben, sollen Verantwortung und Einfluss gleich verteilt werden?	ja ☐ nein ☐	______
Wenn nein, wie soll die Verteilung sein:		
Partner 1	______ in %	
Partner 2	______ in %	
Partner 3	______ in %	
Wollen Sie mit Ihrem gesamten, auch privatem Vermögen haften?	ja ☐ nein ☐	______
Wenn nein, wie hoch soll die maximale Haftung sein?	______ in EUR	
Ist die Höhe der maximal gewünschten Haftung ausreichend, um bei Banken und Geschäftspartnern anerkannt zu werden?	ja ☐ nein ☐	______

Wenn nein, wie hoch sollte das Haftungskapital mindestens sein?	
Ist die gewählte Rechtsform auch dann noch sinnvoll, wenn das Unternehmen in den nächsten 5 Jahren mit der maximal erwarteten Geschwindigkeit wächst?	ja ☐ nein ☐
Wenn nein, welche Rechtsform ist dann geeignet?	
Welche Gründungskosten erwarten Sie bei der gewählten Rechtsform?	in EUR
Können Sie diese Kosten aufbringen?	

Wie plane ich meine Firma?

Zu Ihrer unternehmerischen Vision gehört auch eine solide gerechnete und plausibel begründete Beschreibung der Zukunft Ihres Unternehmens. Gerade Banken und andere Geldgeber verlangen, bevor diese sich mit einem Kredit engagieren, eine umfangreiche Unternehmensplanung, in der Sie den Erfolg Ihrer Unternehmung begründen können. Aber so ein Plan hilft auch Ihnen, Ihr neues Unternehmen erfolgreich zu lenken.

In diesem Kapitel lesen Sie,

- wie Sie einen Businessplan erstellen und ihn als Grundlage für Ihre wirtschaftlichen Entscheidungen nutzen,
- wie Sie Ihre Preise sicher kalkulieren und damit ein Fundament Ihres unternehmerischen Erfolges legen,
- wie Sie mit Kennzahlen Struktur und Transparenz in Ihre Zahlen bekommen, so dass Sie Ihr Unternehmen sicher steuern können.

Überlassen Sie nichts dem Zufall

Planung ist aufwändig und verursacht Kosten. Planung ist für viele Unternehmensgründer neu und wird deshalb gerne vernachlässigt. Vieles wird einfach vorausgesetzt. Bei genauer Betrachtung zeigt sich, dass ein Unternehmen ein sehr komplexes Gebilde ist und dass die Abläufe darin einen Hang zur Eigendynamik haben. Sicherlich sind Planungen sehr oft falsch, doch sind sie das einzige Mittel, das Ihnen und Ihren Kapitalgebern zeigen kann, was Sie erwartet.

Das Umfeld eines Unternehmens ist von vielen ungewissen Situationen geprägt. Das gilt besonders für neue und junge Unternehmen. Hier eine kleine Auswahl:

- Sie wissen in der Regel nicht, wie viele Ihrer Produkte und Dienstleistungen verkauft werden.
- Die Reaktionen der Konkurrenz, deren Pläne und Aktivitäten können Sie nur schätzen.
- Die Preisentwicklung für Ihre Produkte und Dienstleistungen ist von vielen Gegebenheiten des Marktes abhängig.
- Die Preise, die Sie für die von Ihnen benötigten Materialien und andere Leistungen bezahlen müssen, verändern sich.
- Die Zuverlässigkeit Ihrer Lieferanten schwankt hinsichtlich Liefertreue und Qualität.
- Die Leistung Ihrer Mitarbeiter ist von vielen Parametern abhängig und kann den Erfolg Ihres Unternehmens bestimmen.

BEISPIEL

VOR ÜBERRASCHUNG SCHÜTZEN

Die Auftragsbücher waren voll, die Kunden begeistert von der Qualität des Produkts, das Werner H. in seinem neuen Unternehmen mit drei Mitarbeiterinnen auf Maschinen produzierte, die er von einer kleinen Erbschaft gekauft hatte. Er war stolz darauf, dass er all das ohne die Banken geschafft hatte, die seine Geschäftsidee durch Planungen untermauert haben wollten. Dazu hatte er aber keine Zeit.

Er hatte sich, bisher erfolgreich, um die Technik gekümmert. Er hatte die Halle gemietet, die Maschinen und Werkzeuge gekauft und installiert und die Mitarbeiterinnen angelernt. Der Verkauf lief fast von allein, denn Werner H. bot seine Küchenprodukte aus Kunststoff zum gleichen Preis wie die Konkurrenz an, jedoch in einer wesentlich höheren Qualität. Alles war erfolgreich gelaufen, bis heute.

Die Löhne für seine Mitarbeiterinnen waren fällig und das Konto bereits überzogen. Die Bank hatte bereits mehrfach gemahnt und weigerte sich jetzt, die Überweisungen über 5.000 EUR auszuführen. Das Gespräch mit dem Betreuer der Bank war sehr unangenehm gewesen. Er hatte keinen Zweifel daran gelassen, dass Werner H. erst dann ein Kredit eingeräumt werde, wenn dieser eine ausreichende Planung für die Zukunft seines so erfolgreichen Unternehmens vorlegte.

Entsetzt musste Werner H. feststellen, dass in seinem Finanzplan ein gewaltiges Loch über einen längeren Zeitraum zu füllen war. Die ersten Wirtschaftlichkeitsberechnungen zeigten, dass bei den am Markt zu erzielenden Preisen der Break-even-Point für die Produktion nicht zu erreichen war. Leider kam diese Erkenntnis zu spät. Das Unternehmen von Werner H. musste nach sechs Monaten liquidiert werden, das Kapital war verloren.

Planungen für unterschiedliche Szenarien

Bei der Planung werden Sie feststellen, wie viel Unwägbarkeiten es gibt. Lassen Sie sich nicht entmutigen. Schätzen Sie diese Parameter, besorgen Sie sich Durchschnittswerte und machen Sie unterschiedliche Planungen für den erwarteten Fall: für den schlechtesten (worst case) und für den besten (best case). Da sich viele Parameter gegenläufig entwickeln (z. B. Einkaufspreise höher, Verbrauch niedriger als Plan), gleichen sich Planabweichungen häufig aus. Auf jeden Fall erhalten Sie einen Überblick über die möglichen Alternativen, mit denen Sie rechnen müssen. So sind Sie nicht unvorbereitet.

Ermitteln Sie in einer ersten Planung allgemeine Parameter und unterziehen Sie sie in einer Plausibilitätsprüfung einem ersten Test. Bereits hier wird ersichtlich, dass Sie einige Geschäftsideen nicht umsetzen können oder anders gestalten müssen. Die zu prüfenden Parameter hängen von Ihrer Geschäftsidee ab, umfassen in der Regel jedoch Einflussgrößen wie die verfügbare Zeit, die verfügbare Kapazität oder die benötigten Finanzen.

Beispiel 1: Ladengeschäft

Ein Ladengeschäft für den Verkauf von Bekleidung plant einen Jahresumsatz von 900.000 EUR. Die Gründerin will allein im Geschäft tätig sein, Personalkosten sind nicht geplant. Ist dies realistisch machbar? Um diese Frage zu klären, müssen einige Berechnungen angestellt werden:

900.000 EUR Umsatz pro Jahr bedeuten 75.000 EUR Umsatz pro Monat. Daraus ergibt sich bei durchschnittlich 24 Öffnungstagen pro Monat ein Umsatz von 3.125 EUR pro Tag. Um diesen zu erreichen, müssen bei einem durchschnittlichen Wert von 50 EUR pro Verkauf täglich 60 Kunden erfolgreich bedient werden.

Werden pro Kunde fünf Minuten Zeit eingeplant, werden 300 Minuten bzw. fünf Stunden benötigt, um das geplante Ziel zu erreichen. Das ist jedoch kaum mit einer Person zu erreichen. Neben Zeit, die für viele andere Aufgaben verwendet werden muss, kommt es zu einer ungleichen Verteilung der Verkäufe über den Tag und die Woche. Damit wird klar, dass die Geschäftsidee so nicht zu verwirklichen ist. Die Planungen müssen neu gestaltet, Personalkosten einbezogen werden.

Beispiel 2: Drehteile

Die Geschäftsidee für einen Zulieferer von Drehteilen sah den Einsatz einer CNC-gesteuerten Drehbank vor. Im Planungsszenario für den Fall einer besonders guten Unternehmensentwicklung wurden insgesamt 6.500 Minuten Maschinenzeit verbraucht. Bei einer Woche mit fünf Arbeitstagen und 24 Stunden Betrieb stehen 7.200 Minuten Maschinenzeit zur Verfügung.

Die technische Planung weist jedoch Zeiten auf, in denen die Drehbank nicht genutzt werden kann. Das sind Rüstzeiten, in denen sie für einen neuen Auftrag vorbereitet wird, und Instandhaltungszeiten. Um rechtzeitig reagieren zu können, wurde in die Planung bereits ein größerer Produktionsraum aufgenommen. Außerdem wurden bereits Mittel und Wege untersucht, eine zweite Maschine zu beschaffen.

Beispiel 3: Franchising

Ein Folienhersteller bietet als Franchiseidee an, die hinteren Autoscheiben mit einer Sonnenschutzfolie zu bekleben. Der Franchisenehmer kauft die Folie beim Hersteller und führt die Dienstleistung der Installation aus. Der Hersteller vermittelt das notwendige Know-how und überregionale Werbung. Dafür muss der Existenzgründer eine Eintrittsgebühr von 20.000 EUR für einen Fünfjahresvertrag zahlen und pro Jahr nochmals 5.000 EUR.

Der Franchisegeber rechnet pro ausgestattetes Auto mit Gesamtkosten von 150 EUR für die Folie, die Arbeitszeit und alle Nebenkosten (ohne Franchisegebühr). Als Verkaufspreis wird durchschnittlich ein Betrag von 175 EUR realisiert. Folgende Rechnung ergibt den Punkt, ab dem das Geschäft erfolgreich ist:

20.000 EUR für 5 Jahre = 4.000 EUR pro Jahr. Zusammen mit der Jahresgebühr von 5.000 EUR ergibt das Franchisekosten in Höhe von 9.000 EUR pro Jahr. Bei einem Überschuss der Erlöse über den Kosten von 25 EUR pro Auto ergibt sich ein Wert von 9.000 EUR/Jahr dividiert durch 25 EUR/Auto = 360 Autos pro Jahr. Erst ab dem 361. Auto ist diese Geschäftsidee für den Gründer erfolgreich. Ist das realistisch erzielbar, kann das Geschäft erfolgreich sein, wenn nicht, ist die Idee zu verwerfen.

Prüfen Sie rechzeitig, ob Ihre Geschäftsidee trägt

Die drei Beispiele zeigen, dass bereits diese grobe Form der Planung dem Existenzgründer zeigt, wie er sein Unternehmen auszustatten hat und womit er rechnen muss. An dieser Stelle müssen leider viele Geschäftsideen begraben werden, weil sie sich als nicht tragfähig erweisen. Das ist jedoch der bessere Zeitpunkt. Gefährlich ist es, die Situation erst nach dem Start der Selbstständigkeit zu erkennen.

Von der einfachen Planung zum Businessplan

Der Erfolg Ihres Unternehmens wird bestimmt durch die Erlöse, die Sie am Markt erzielen können, und die Kosten, die Ihnen für die Herstellung oder den Einkauf Ihrer Waren und Dienstleistungen entstehen. Auch Sie werden wissen wollen, welchen Erfolg Ihre Geschäftsidee verspricht. Daher planen Sie diesen, indem Sie die Erlöse und die Kosten schätzen.

ACHTUNG

PLANUNG AUCH FÜR KAPITALGEBER WICHTIG

Denken Sie bei der Planung immer daran, dass Sie das nicht nur für sich selbst tun. Vor allem die Kapitalgeber (andere Gesellschafter, Banker, Beteiligungsgesellschaften) werden von Ihnen einen Businessplan verlangen. Daher gehen Sie bei der Planung sehr systematisch vor, verwenden Sie vorsichtig realistische Werte und dokumentieren Sie die Entstehung der Planwerte. Damit können Sie aus einer einfachen Planung schnell einen Businessplan erstellen.

So planen Sie die Erlöse

Viele der Kosten Ihres zukünftigen Unternehmens hängen von der Leistung ab, die Sie erbringen. Je mehr Waren oder Dienstleistungen Sie verkaufen, desto höher werden Ihre Kosten sein. Planen Sie daher zunächst die Erlöse und erst danach und in deren Abhängigkeit die Kosten. Wichtig ist, immer die Nettoerlöse, das heißt die Erlöse abzüglich aller Rabatte und vor allem abzüglich der Mehrwertsteuer, zu planen.

Das Schema für die Erlösplanung ist für alle Branchen und Unternehmenstypen gleich. Es erfolgt immer eine Trennung nach Produkten und Kunden. Die Summen, die sich je Kunden- und Produktgruppe ergeben, dienen der Plausibilitätskontrolle. Sollen einige Produkte und Kunden differenziert geplant werden, dann werden entsprechende Zeilen und Spalten eingefügt. Soll bei der Planung auch regional differenziert werden, so wird das Schema vervielfältigt und für jede Region ausgefüllt. Für die Unternehmensplanung wird dann ein zusammengefasstes Schema erstellt.

Online

→ Als Buchkäufer erhalten Sie auf www.haufe.de/ratgeber eine kostenlose Online-Beratung.

CD

→ Hier finden Sie Musterbewerbungen sowie ein Videotraining, Hördialoge und Tests für die Vorbereitung auf's Vorstellungsgespräch.

So verfasst man einen Lebenslauf auf Englisch

→ Wie eine perfekte englischsprachige Bewerbung aussieht und worauf Sie beim Formulieren und Gestalten achten müssen. Mit Spezial-Mustervorlagen für viele Berufsgruppen.

3. Auflage | 176 Seiten, mit CD-ROM
€ 19,80 [D] | € 20,40 [A] | sFr 38,20
ISBN 978-3-448-08781-9

Ihre Berufserfahrung ist gefragt

→ Stellensuchende ab 40 müssen ihre Qualifikation und Erfahrung ganz besonders herausstellen. Hier erfahren Sie, wie Sie sich in Ihren Bewerbungen wirklich überzeugend verkaufen.

212 Seiten, mit CD-ROM
€ 19,80 [D] | € 20,40 [A] | sFr 38,
ISBN 978-3-448-07552-6

Bewerben mit den neuen Uni-Abschlüssen!

→ Noch nicht jeder Personalchef kann die neuen Abschlüsse richtig einordnen. Dieser Ratgeber zeigt Ihnen die besten Bewerbungsstrategien für die unterschiedlichsten Branchen.

ı Seiten, mit CD-ROM
9,80 [D] | € 20,40 [A] | sFr 38,20
N 978-3-448-08617-1

Der Bewerbungsfahrplan für Schulabgänger!

→ In zehn Schritten zur perfekten Bewerbung! Hier werden Schulabgänger bei der Jobsuche unterstützt – von der ersten Orientierung bis zum Vorstellungsgespräch.

184 Seiten, mit CD-ROM
€ 14,80 [D] | € 15,30 [A] | sFr 26,40
ISBN 978-3-448-08605-8

Erlösplanung	**Kundengruppe 1**	**Kundengruppe 2**	**Kundengruppe 3**	**...**	**Kundengruppen**	**Sonstiges**	**Summen**
Produktgruppe 1							
Produktgruppe 2							
Produktgruppe 3							
....							
Sonstiges							
Summen							

An dieser Stelle sollen beispielhaft drei Erlösplanungen einen Überblick darüber geben, wie eine Planung aussehen kann. Die genannten Zahlen sind sicherlich für andere Gründungsvorhaben nicht zu übernehmen. Eine ausführliche Erlösplanung finden Sie als Excel-Datei auf Ihrer CD-ROM.

Beispiel 1: Einzelhandel

Zunächst eine Planung aus dem Einzelhandel mit monatlichen Werten:

Erlösplanung Einzelhandel mit Blumen EUR/Monat	**Laufkundschaft**	**Stammkunden**	**Industrie-kunden**	**Sonstiges**	**Summen**
Schnittblumen	3.500	2.200	1.500	0	7.200
Topfblumen	2.800	3.300	2.500	100	8.700
Trockenblumen	250	150	800	250	1.450
Gestecke	2.000	2.500	2.500	500	7.500
Dekoratives	850	250	250	0	1350
Sonstiges	150	150	0	150	450
Summen	9.550	8.550	7.550	1.000	26.650

Beispiel 2: Industrie

Die Planung im Industriebereich wird in der Regel auf Jahreswerte ausgelegt:

Erlösplanung Werkzeugbau EUR/Jahr	**Kunststoffverarbeiter**	**Metallverarbeiter**	**Werkzeugbauer**	**Sonstiges**	**Summen**
Kunststoffspritzwerkzeuge	175.000	15.000	58.000	0	248.000
Presswerkzeuge	0	75.000	12.000	1.000	88.000
Spezialwerkzeuge	75.000	125.000	158.000	54.000	412.000
Reparatur/ Instandhaltung	25.000	15.000	2.500	15.000	57.500
Sonstiges	15.000	10.000	10.000	5.000	40.000
Summen	290.000	240.000	240.500	75.000	845.500

Beispiel 3: Dienstleistung

Auch im Dienstleistungsbereich wird jährlich geplant:

Erlösplanung Beratung EUR/Jahr	**Industrie**	**Handel**	**Dienstleister**	**Behörden**	**Summen**
Existenzgründung	50.000	125.000	85.000	0	260.000
Sanierung	75.000	15.000	15.000	0	105.000
Informationsverarbeitung	145.000	25.000	100.000	75.000	345.000
Sonstiges	15.000	25.000	75.000	50.000	165.000
Summen	285.000	190.000	275.000	125.000	875.000

So planen Sie die Kosten

Auch die Kosten werden zweckmäßig in kleineren Einheiten geplant. Hier bietet sich eine Trennung nach Kostenarten an. So können Sie sich ganz auf die jeweiligen Parameter, die die Kostenhöhe bestimmen, konzentrieren.

Je nach Art Ihrer Geschäftstätigkeit ergeben sich unterschiedliche Schwerpunkte. Der Handel hat vor allem mit den Kosten für die Waren zu kämpfen, der Fertigungsbetrieb hat die größten Ausgaben für Personal, Material und Maschinen und im Dienstleistungsbereich spielen vor allem die Personalkosten eine wichtige Rolle.

Den Wareneinsatz berechnen Sie, indem Sie die Mengen der eingesetzten Waren, Materialien und Dienstleistungen mit deren Preisen planen. Es ist jedoch äußerst schwer, dies für neue Unternehmen durchzuführen. Im Einzelhandel, wo mehrere hundert Produkte in geringen Stückzahlen verkauft werden, ist dies auf keinen Fall wirtschaftlich.

In solchen Fällen wird mit durchschnittlichen prozentualen Wareneinsätzen geplant. So kann beispielsweise der Wareneinsatz im Einzelhandel für Bürobedarf bei 55 Prozent des erzielten Nettoumsatzes liegen, in einem Fertigungsbetrieb, der Kunststoffteile herstellt, können es 20 Prozent sein. Im Dienstleistungsgewerbe spielt der Materialeinsatz eine untergeordnete Rolle.

INFORMATIONEN ÜBER ANGEMESSENE WERTE ACHTUNG

Woher bekommen Sie die Informationen über die für Ihr Vorhaben gültigen Werte? Zum einen können Sie diese aus Ihrer bisherigen Tätigkeit in der Branche kennen. Zum anderen werden von den Handels- und Handwerkskammern Durchschnittswerte für die jeweilige Region und Branche veröffentlicht. Außerdem können Sie diese durch Gespräche mit Ihren zukünftigen Lieferanten ermitteln

Wenn Sie Mitarbeiter beschäftigen, müssen Sie auch Personalkosten einplanen. Grundlage der Höhe der Kosten sind die für Ihren Bereich zuständigen Tarifverträge. Für die jeweils anfallenden Tätigkeiten suchen Sie den entsprechenden Tariflohn oder das Gehalt heraus und berechnen so die Zahlungen an Ihre zukünftigen Mitarbeiter. Sie müssen u. U. berücksichtigen, dass Sie mehr als die tariflichen Gehälter zahlen müssen, um qualifizierte Mitarbeiter für Ihr noch unbekanntes Unternehmen zu gewinnen.

Teilzeitkräfte werden anteilig berücksichtigt, Aushilfen ebenfalls. Hinzu kommen noch die Lohnnebenkosten, die Sie für die gesetzlichen Sozialleistungen (Ihr Anteil an der Kranken-, Renten-, Pflege- und Arbeitslosenversicherung) zu zahlen haben. Berücksichtigen Sie auch die tariflichen Leistungen wie vermögenswirksame Leistungen, Urlaubsgeld und Jahressonderzahlungen. Für die Planung kann ein prozentualer Aufschlag auf die Personalkosten die Lohnnebenkosten bestimmen. Er liegt bei ca. 25 Prozent und ist abhängig von den Beitragssätzen der Krankenkassen Ihrer Mitarbeiter.

Eine besondere Kostenform stellen die Abschreibungen dar. Diesen Kosten stehen keine Ausgaben unmittelbar gegenüber. Vielmehr bewerten Sie die Abnutzung der von Ihnen angeschafften Vermögensgegenstände, die Sie direkt beim Kauf bezahlt haben. Wenn Sie z. B. ein Auto oder eine Maschine kaufen, stellt der Betrag, den Sie dafür bezahlen, keine Kosten dar. Sie nutzen das Anlagegut über einen gewissen Zeitraum und die dabei anfallende Abnutzung repräsentiert die für den Zeitraum anzusetzenden Kosten.

BEISPIEL

LADENEINRICHTUNG FÜR FÜNF JAHRE

Sylvia S. hat für ihr Schreibwarengeschäft Regale, Verkaufsständer, eine Theke und eine elektronische Kasse gekauft. Dafür hat Sie den Betrag von 10.000 EUR bezahlt (zuzüglich der Mehrwertsteuer). Sie rechnet damit, dass Sie diese Einrichtungsgegenstände fünf Jahre nutzen kann und sie dann ersetzen muss. Damit entstehen Kosten in Höhe von 2.000 EUR pro Jahr (10.000 EUR/5 Jahre), die Abschreibung.

Abschreibungen gibt es für alle Anlagegüter, die netto mehr als 410 EUR kosten. Ansonsten spricht man von geringwertigen Wirtschaftsgütern

(GWG), die sofort in den Kosten verbucht werden. Autos, Maschinen, Büroeinrichtung, Computer, Ladeneinrichtung, Lagereinrichtung und vieles mehr werden über die Nutzungsdauer abgeschrieben und nicht im Jahr der Anschaffung als Kosten verbucht. Das Steuerrecht bestimmt in vielen Fällen eine Mindestnutzungsdauer, die die jährlichen Abschreibungsbeträge begrenzt.

Ausgabe nicht gleich Kosten!

An dieser Stelle sehen Sie, dass Ausgaben nicht gleich Kosten sind. Kosten müssen im Abrechnungszeitraum auch verbraucht werden. Da hier finanzielle Mittel durch den Kauf von Anlagegütern verbraucht werden, kommt es zu einer Differenz zwischen dem Erfolg des Unternehmens und den zur Verfügung stehenden Geldmitteln. Dies wurde schon von vielen Gründern bei der Planung übersehen, was dann zu Liquiditätsproblemen geführt hat. Wir werden uns mit diesem Problem noch beschäftigen.

Neben den genannten wichtigen Kostenarten müssen bei der Erfolgsplanung weitere Kosten berücksichtigt werden. Das sind u. a.:

- Raumkosten: Darunter werden Miete, Reinigung, Bewachung, Pflege der Außenanlage, Energie für Heizung und Beleuchtung und für kleinere Geräte zusammengefasst. Eine Mietkaution stellt keine Kosten dar, da sie nicht verbraucht wird.
- IT/Kommunikation: Unter diesem Punkt werden alle Kosten für die EDV und die Kommunikation (Telefon, Internet, ...) zusammengefasst.
- Beratungskosten: Gerade in der Gründungsphase fallen oft erhebliche Beratungskosten an. Regelmäßig sind darunter die Steuerberatungskosten und eventuelle Rechtsanwaltsgebühren zu verbuchen.
- Marketing: Im Einzelhandel, aber auch in den anderen Bereichen können erhebliche Summen für Werbung und andere Marketingaktivitäten notwendig sein.
- Sonstige Kosten: Es ist üblich, viele kleine Kostenarten unter der Überschrift „Sonstige Kosten" zusammenzufassen. Darunter fallen Kosten

für Büromaterial, Fahrzeuge, Bewirtung, Reisekosten und vieles mehr. Sollte für ein Unternehmen eine der Kostenarten eine große Bedeutung haben, wird diese separat aufgeführt.

Erlöse und Kosten im Businessplan gegenüberstellen

Die geplanten Erlöse und Kosten werden im Businessplan gegenübergestellt. Dazu wird in der Regel eine Aufteilung der geschätzten Jahreswerte auf die Monate vorgenommen, um die Entwicklung sehen zu können. Außerdem ist die zeitliche Verteilung die Grundlage für eine spätere regelmäßige Kontrolle. Einen ausführlichen Businessplan finden Sie als Excel-Datei auf Ihrer CD-ROM.

Beispiel: Businessplan Geschenkartikel

Karin S. hat für den von Ihr geplanten Einzelhandel mit Geschenkartikeln gemeinsam mit ihrem Steuerberater den folgenden Businessplan erstellt (Tsd. EUR):

	Erlöse	Wareneinsatz	Rohgewinn	Personal	Abschreibung	Raumkosten	Werbung	Beratung	Sonstiges	Summe Kosten	Ergebnis
Jan	45	27	18	5	1	2	2	3	5	18	0
Feb	45	27	18	5	1	2	2	1	5	16	2
Mrz	50	30	20	5	1	2	2	0	5	15	5
Apr	50	30	20	6	1	2	4	0	5	18	2
Mai	50	30	20	7	1	2	1	0	5	16	4
Jun	50	30	20	6	1	2	1	0	5	15	5
Jul	35	21	14	6	1	2	1	0	5	15	-1
Aug	40	24	16	5	1	2	2	0	5	15	1
Sep	55	33	22	7	1	2	2	0	5	17	5
Okt	60	36	24	8	1	2	3	0	5	19	5
Nov	75	45	30	10	1	2	5	0	5	23	7
Dez	95	57	38	10	1	2	5	2	5	25	13
Summe	650	390	260	80	12	24	30	6	60	212	48

Die Existenzgründerin hat aus ihrer Erfahrung heraus einen Wareneinsatz von 60 % des Nettoverkaufserlöses eingesetzt. Die Abschreibung bezieht sich auf die Geschäftseinrichtung, den PC und den Pkw. Versicherungen und die Zinsen für die Finanzierung sind in den sonstigen Kosten enthalten.

Jetzt zeigt sich auch der Sinn der Planung. Der Existenzgründer kann erkennen, mit welchen Erfolgen er rechnen kann. Da im obigen Beispiel alle Kosten mit Ausnahme der Abschreibungen auch Ausgaben darstellen, kann sich die junge Unternehmerin auf ihr zu erwartendes Einkommen in den einzelnen Monaten einstellen. Das ist zwar nur eine grobe Rechnung und gilt nur für kleinere Unternehmen, sie zeigt jedoch den Trend auf. Ähnlich rechnen auch die Banken und andere Kapitalgeber.

Selbst gewinnbringende Unternehmen können an fehlender Liquidität scheitern. Darum prüfen Sie, ob Sie bei Ihrer Liquiditätsplanung alles bedacht haben.

KOSTEN € CHECK

PRÜFEN SIE DIE LIQUIDITÄT IHRER PLANUNG

CD-ROM

Bemerkungen:

Welche Mittelzuflüsse haben Sie berücksichtigt?

- Eigenkapital — ja ☐ nein ☐ ______ Höhe (in EUR)
- Gesellschafterdarlehen — ja ☐ nein ☐ ______ Höhe (in EUR)
- Fremdkredite — ja ☐ nein ☐ ______ Höhe (in EUR)
- Fördergelder — ja ☐ nein ☐ ______ Höhe (in EUR)
- Sonstiges — ja ☐ nein ☐ ______ Höhe (in EUR)

Wie groß ist die Verschiebung zwischen dem Datum der Rechnungsschreibung und dem Zahlungseingang? ______ Tage

Sind in Ihren Umsatzerlösen noch Größen enthalten, die nicht zu verwertbarer Liquidität führen? ja ☐ nein ☐ ______

Wenn ja, welche sind das?

- Umsatzsteuer — ja ☐ nein ☐ ______
- Rabatte — ja ☐ nein ☐ ______
- Skonti — ja ☐ nein ☐ ______

Enthalten die als Einnahmen verbuchten Kreditsummen ein Disagio, das die Bank nicht auszahlt?

ja ☐
nein ☐ ____________________

Wenn ja, in welcher Höhe? ____________________ in EUR

Sind sonstige Einnahmen zu erwarten (z.B. aus dem Verkauf von Vermögensteilen)?

ja ☐
nein ☐ ____________________

Wenn ja, welche?

- Grund: ____________________ Höhe (in EUR)
- Grund: ____________________ Höhe (in EUR)

Führen alle berücksichtigten Kosten auch tatsächlich zu Auszahlungen?

ja ☐
nein ☐ ____________________

Wenn nein, welche nicht?

- Kostenart: ____________________ Höhe (in EUR)
- Kostenart: ____________________ Höhe (in EUR)

Werden für Lagerbestandsaufbau Mittel ausgegeben?

ja ☐
nein ☐ ____________________

Wenn ja, in welcher Höhe? ____________________ in EUR

Werden aus Lagerabbau Mittel frei?

ja ☐
nein ☐ ____________________

Wenn ja, in welcher Höhe? ____________________ in EUR

Werden die Auszahlungen für Investitionen zu verschiedenen Zeiten fällig?

ja ☐
nein ☐ ____________________

Wenn ja, wie ist die Verteilung?

- Termin 1: ____ Höhe (in EUR)
- Termin 2: ____ Höhe (in EUR)
- Termin 3: ____ Höhe (in EUR)

Wie hoch ist Ihr privater Geldbedarf, der über die Liquidität des Unternehmens gedeckt werden muss? ____ in EUR

Müssen Sie für Einkommen-, Körperschaft- und Gewerbesteuern Vorauszahlungen leisten bzw. erhalten Sie Erstattungen? ja ☐ nein ☐ ____

Wenn ja, in Welcher Höhe?

- Vorauszahlungen ____ in EUR
- Erstattungen ____ in EUR

Können unerwartete, nicht zu kalkulierende Auszahlungen (z.B. für Reparaturen) anfallen? ja ☐ nein ☐ ____

Wenn ja, wie hoch sollte ein Vorsorgebetrag sein? ____ in EUR

Schwankt die Liquidität Ihres Unternehmens im Zeitverlauf sehr stark? ja ☐ nein ☐ ____

Wenn ja, gibt es dafür eine Erklärung? ____

Wie Sie Ihre Preise kalkulieren

Ein wichtiges Kapitel in der Unternehmensplanung und später im regulären Ablauf der Unternehmensprozesse ist die Kalkulation der Preise, die das junge Unternehmen für seine Produkte und Leistungen verlangt. Auch Sie werden festgestellt haben, dass vor allem der Markt den Preis diktiert. Dennoch müssen Sie Unternehmer immer wieder neu kalkulieren.

- Durch die Kalkulation stellen Sie fest, ob die Preise Ihre Kosten ausreichend decken. Kommen Sie bei Ihrer Kalkulation auf einen höheren als den am Markt erzielbaren Preis, dann sind Ihre Kosten zu hoch.
- Die Kalkulation kann ergeben, dass die benötigten Preise unterhalb der erzielbaren Marktpreise liegen. Diese Differenz können Sie dazu nutzen, den Markt für sich zu gewinnen. Durch Preissenkungen können Marktanteile erkämpft werden.

Die Preiskalkulation ist abhängig von der Unternehmensart. Ein Einzelhändler kalkuliert in einem anderen Schema als der Hersteller oder der Dienstleister.

Kalkulation im Einzelhandel

Die Grundlage der Kalkulation im Einzelhandel sind die Beschaffungskosten, die für die Waren bezahlt werden. Dazu gehören der Einkaufspreis, die Versand- und Verpackungskosten sowie Zölle und andere Abgaben. Alle Kosten, die mit dem Einkauf in Verbindung stehen und dem Produkt direkt zugeordnet werden können, werden hier erfasst. Nicht berücksichtigt wird die Umsatzsteuer. Die Beschaffungskosten werden reduziert um alle Parameter, die den Preis verringern (Rabatte, Boni, Skonto, ...).

Ausgehend von den Beschaffungskosten wird ein Selbstkostenwert ermittelt, indem für die anfallenden Kosten ein prozentualer Aufschlag berechnet wird. Dieser ermittelt sich aus den Gesamtkosten (abzgl. der bereits berücksichtigten direkten Beschaffungskosten) im Verhältnis zum Wareneinsatz. Als Grundlage können Sie die geplante Kostensituation aus dem Businessplan wählen.

Auf die Selbstkosten werden der Gewinnaufschlag und ein Aufschlag für eventuelle Rabatte berechnet. Zuletzt wird die Mehrwertsteuer hinzugefügt. Das Ergebnis ist der Ladenverkaufspreis.

BEISPIEL **EIN GESCHENK FÜR 100 EUR**

Wenn Karin S. in ihrem neuen Geschäft für Geschenke Verkaufspreise kalkuliert, dann verwendet Sie die Daten aus ihrem Businessplan. Aus dem Verhältnis der Gesamtkosten (206.000 EUR) zum Wareneinsatz (390.000 EUR) ergibt sich ein Aufschlag von 53 % auf den Wareneinsatz. Der Gewinnaufschlag errechnet sich aus dem Verhältnis des Gewinns (54.000 EUR) zum Selbstkostenpreis (206.000 EUR + 390.000 EUR) mit 9 %. Wenn Karin S. also eine Vase zu 100 EUR einkauft, ergibt sich folgender Verkaufspreis, wenn keine Rabatte berücksichtigt werden:

Wareneinsatz	100,00 EUR
Kostenaufschlag 53 %	53,00 EUR
Selbstkosten	153,00 EUR
Gewinnaufschlag 9 %	13,77 EUR
Nettoverkaufspreis	166,77 EUR
Mehrwertsteuer 16 %	26,68 EUR
Ladenverkaufspreis	193,45 EUR

Selbstverständlich wird dieser Preis im Einzelhandel noch an die psychologischen Preisgrenzen angepasst. Aus 193,45 EUR werden dann vielleicht 193,99 EUR oder sogar 195,00 EUR.

Kalkulation in der Industrie

Die Kalkulation in der Industrie ist wesentlich komplexer, da sie für jedes Produkt getrennt durchgeführt werden muss und wesentlich mehr Komponenten enthält. Nach folgendem Schema werden die Materialgemeinkosten als Zuschlagssatz auf den Materialeinsatz für das Produkt berechnet, die

Fertigungsgemeinkosten als Zuschlagssatz auf die Fertigungskosten. Die Vertriebs- und die Verwaltungsgemeinkosten werden prozentual auf die Herstellkosten aufgeschlagen, der Gewinn auf die Selbstkosten. Danach ist die Kalkulation in Fertigungsbetrieben mit der im Handel vergleichbar.

Materialeinsatz (reine Einkaufskosten)

+	Materialgemeinkosten (Beschaffungskosten, Lagerung)
+	Fertigungskosten (Fertigungslöhne, Maschinenkosten)
+	Fertigungsgemeinkosten (Meisterlöhne, Raumkosten, Energie, ...)
=	Herstellkosten (Summe Material und Fertigungskosten)
+	Vertriebsgemeinkosten (Werbung, Messen, Vertrieb, ...)
+	Verwaltungsgemeinkosten (Rechnungswesen, ...)
=	Selbstkosten
+	Gewinn
=	Nettoverkaufspreis
+	Rabatte
+	Skonto
=	Angebotspreis (exklusive Mehrwertsteuer)
+	Mehrwertsteuer
=	Bruttoangebotspreis

KOSTENSTELLENRECHNUNG NOTWENDIG ! ACHTUNG

Um die notwendigen Zuschlagssätze für die Kalkulation in der Industrie zu errechnen, benötigen Sie eine ausgebaute Kostenstellenrechnung. Im Betriebsabrechnungsbogen werden die Kosten der einzelnen Stellen den jeweiligen Gemeinkostenarten zugeordnet und auf die Grundlagen bezogen.

Der Aufwand für eine funktionierende Kostenstellenrechnung ist hoch. Sie benötigen jedoch gerade im Produktionsbereich immer wieder ausreichende Informationen, um die richtigen Investitions- und Rationalisierungsentscheidungen treffen zu können. Der junge Betrieb ist in der Lage, diese Strukturen frühzeitig und mit einem guten Gewöhnungseffekt zu schaffen. Nutzen Sie diese Chance.

Kalkulation in der Dienstleistungsbranche

In der Dienstleistungsbranche spielen Sach- und Materialkosten keine große Rolle. Ausgangspunkt ist die Personalleistung. Bei den Dienstleistungen fallen häufig Nebenkosten (Reisekosten, Kommunikation, ...) an, die an den Kunden weiterberechnet werden. Diese müssen aus der Kalkulation herausgenommen werden, da es sonst zu einer doppelten Berechnung kommt.

Das Dienstleistungsunternehmen verkauft die Arbeitszeit seiner Mitarbeiter. Die gesamten Kosten des Unternehmens müssen auf die verkauften Zeiteinheiten verteilt werden, um die Selbstkosten der Dienstleistungsstunde zu erhalten. Darauf folgen, wie in den anderen Unternehmenstypen auch, der Gewinnaufschlag, die Rabatte und Skonti sowie die Mehrwertsteuer.

BEISPIEL

BERATUNGSKOSTEN

Ein Unternehmensberater, der allein arbeitet, rechnet pro Jahr mit den folgenden Kosten:

eigene Personalkosten	80.000 EUR
Personalnebenkosten 25 %	20.000 EUR
Sachkosten (Büro, Telefon, Computer, ...)	20.000 EUR
Summe	120.000 EUR

Bei ca. 220 Arbeitstagen pro Jahr und 8 Stunden pro Tag steht ein Volumen von 1.760 Stunden zur Verfügung, das verkauft werden muss. Dies kann nicht zu 100 Prozent erfolgen, da Weiterbildung, Verwaltung usw. die Zeiten einschränken. Bei einer realistischen Verkaufsquote von 70 % kann der selbstständige Unternehmensberater 1.232 Stunden verkaufen.

Pro verkaufte Stunde fallen Kosten in Höhe von 97,40 EUR an. Das sind die Selbstkosten. Darauf setzt dann die weitere Kalkulation auf:

Selbstkosten	97,40 EUR
Gewinnaufschlag 9 %	8,77 EUR
	106,17 EUR
Rabatte 10 %	11,80 EUR
	117,97 EUR
Skonto 2 %	2,41 EUR
Angebotspreis ohne Mehrwertsteuer	120,38 EUR
Mehrwertsteuer	19,26 EUR
Angebotspreis brutto	139,64 EUR

Der selbstständige Berater muss seine Dienstleistung also mit ca. 140,00 EUR pro Stunde am Markt anbieten.

Welche Kennzahlen Sie benötigen

Kennzahlen bestimmen die Informationen, die Sie als Unternehmer benötigen, um Ihre Steuerungsaufgabe zu erfüllen. Sie werden aus den Daten des laufenden Unternehmens errechnet. Für eine Existenzgründung werden die Werte aus den Planungen entnommen. Mit Hilfe der Kennzahlen können Sie erkennen, wie sich Ihr Unternehmen entwickelt, wie es auf Veränderungen reagiert und wo gehandelt werden muss.

MEHR INFORMATIONEN AUS DER ZEITREIHE ACHTUNG

Kennzahlen, wie z. B. der Umsatz je Mitarbeiter, geben Auskunft über bestimmte Sachverhalte des Unternehmens. Dabei können sie Hinweise geben, ob das eigene Unternehmen verglichen mit dem Branchendurchschnitt besser oder schlechter abschneidet. Es gibt jedoch eine Vielzahl individueller Einflussgrößen, die einen solchen Vergleich erschweren.

Kennzahlen des eigenen Betriebs bekommen einen wesentlich höheren Informationsgehalt, wenn sie als Zeitreihen aufgebaut werden. Dann ist z. B. eine Veränderung des Umsatzes pro Mitarbeiter schnell festzustellen. Sie können rechtzeitig reagieren und entsprechende Maßnahmen ergreifen.

Aus zwei Gründen ist es notwendig, bereits vor dem Start des Unternehmens an Kennzahlen zu denken:

- Viele statische Kennzahlen können aus den Planwerten ermittelt werden. Verglichen mit den Durchschnittswerten oder in Verbindung mit anderen Plandaten können Sie sehr schnell auf den Erfolg der Gründung oder einer bestimmten Aktivität (z. B. einer Investition) schließen.
- Der Aufbau eines Kennzahlensystems ist umso einfacher, je früher Sie damit beginnen. Wenn noch keine festen Strukturen bestehen, können Sie die notwendigen Daten schnell ermitteln und Abläufe zu deren regelmäßiger Verfügbarkeit schaffen. Diese Chance haben Sie nur bei der Gründung des Unternehmens.

Wichtige Kennzahlen, die regelmäßig ermittelt werden sollten und die auch von den Banken und anderen Kapitalgebern verlangt werden, sind die folgenden:

Vertriebskennziffern

Da sind zunächst einmal die Vertriebskennziffern:

- Umsatz
- Umsatz pro Mitarbeiter
- Umsatz der Warengruppe
- Umsatz der Kundengruppe
- Umsatz des Verkaufsgebiets

ARBEITEN SIE MIT DECKUNGSBEITRÄGEN ACHTUNG

Der Umsatz allein macht noch kein erfolgreiches Unternehmen. Wenn es Ihnen möglich ist, sollten Sie von vornherein mit Deckungsbeiträgen arbeiten. Dabei werden vom Umsatz die direkt zuzuordnenden Kosten abgezogen. Der Umsatz abzüglich der direkten Produktkosten (Material, Fertigungslöhne usw.) ergibt den Gesamtdeckungsbeitrag. Der Umsatz eines Kunden wird um die direkten Produktkosten (Material, Löhne, Maschinenstunden, ...) reduziert. Außerdem werden die direkten Kosten, die der Kunde verursacht hat, abgezogen. Das können Versand und Verpackung sein, individuelle Werbemaßnahmen oder Kulanzgutschriften. Auch die Finanzierungskosten des offenen Saldos werden berücksichtigt. Daraus ergibt sich der Deckungsbeitrag dieses Kunden.

Da der Deckungsbeitrag auch Kosten berücksichtigt, ist er die bessere Steuerungskennziffer im Vergleich mit dem Umsatz.

Im Einzelhandel sollten Sie Kennzahlen wie die folgenden ermitteln:

- Umsatz je Quadratmeter Verkaufsfläche
- Umsatz je Stunden Öffnungszeit
- Umsatz pro Wochentag
- Umsatz je Kunde
- Umsatz je Besucher

Kennziffern in Produktion und Lager

Die Kapazitätsauslastung wird berechnet, indem die in einer Zeitperiode verbrauchten Fertigungskapazitäten (z. B. gemessen in Fertigungsminuten) dividiert werden durch die vorhandene Gesamtkapazität. Durch die Verwendung von Zeiteinheiten werden unterschiedliche Produkte gleich behandelt.

Monatliche Fertigungskapazität, fünf Maschinen:	50.000 Minuten
Im Monat verbrauchte Fertigungszeit:	40.000 Minuten
Auslastung	80 Prozent

Die Ausschussquote gibt den Anteil der schlechten Teile an der Gesamtproduktion an.

Die Kennziffern Lagerbestandswert und Lagerumschlagshäufigkeit geben an, wie schnell sich das Lager des Unternehmens umschlägt. Bei einem Umsatz von 1.000.000 EUR pro Jahr und einem Lagerwert (zu Verkaufspreisen) von 200.000 EUR beträgt die Lagerumschlagshäufigkeit 5, für viele Branchen ein mittlerer Wert.

BEISPIEL **LAGERUMSCHLAG AUCH IM EINZELHANDEL**

Im Einzelhandel wird das Lager durch den Verkaufsraum repräsentiert. Auch die dort vorgestellten Produkte sind gelagert. Karin S. will mit ihrem neuen Geschäft für Geschenkartikel einen Umsatz von 650.000 EUR pro Jahr erzielen. Die Branche rechnet mit einer Umschlagshäufigkeit von 10. Das bedeutet, dass Karin S. einen Lagerbestand von 65.000 EUR (Ware bewertet zum Nettoverkaufspreis) anschaffen muss. Als Wareneinsatz ergibt sich daraus ein Wert von ca. 40.000 EUR, der zu finanzieren ist.

Finanzkennziffern

Für die Beurteilung Ihrer Geschäftsidee wird die Bank, bevor sie Ihnen einen Kredit einräumt, bestimmte Finanzkennziffern prüfen. Die wichtigsten sind der Cashflow und Kennzahlen zur Finanzierstruktur.

Cashflow

Der Cashflow korrigiert den Gewinn um verschiedene Geldflussgrößen und gibt somit an, wie viel Geld dem Unternehmen in der Periode zugeflossen oder wie viel abgeflossen ist. Für die laufende Finanzierung und Überlebensfähigkeit des Unternehmens ist das eine wichtige Feststellung. Zum Gewinn werden die Abschreibungen addiert, da diese den Gewinn gemindert haben, ohne einen Mittelabfluss herbeizuführen. Werden Rückstellungen für Verbindlichkeiten auf- oder abgebaut, werden auch diese im Cashflow berücksichtigt.

Kennzahlen zur Finanzstruktur

Die Kennzahlen zur Finanzstruktur umfassen

- die Eigenkapitalquote,
- die Fremdkapitalquote und
- den Verschuldungsgrad des Unternehmens.

Das Eigenkapital wird ins Verhältnis zum Gesamtkapital gesetzt, das Fremdkapital ebenfalls. Damit wird angezeigt, wie viel Prozent des gesamten investierten Kapitals durch die Gründer und wie viel durch Fremdkapitalgeber in das Unternehmen gebracht wurden.

In Fertigungsunternehmen, die wegen der notwendigen Maschinenausstattung über einen höheren Kapitalbedarf verfügen, werden von den Banken Werte um 25 Prozent für die Eigenkapitalquote angestrebt. Der Durchschnitt in deutschen mittelständischen Unternehmen liegt weit darunter. Existenzgründer müssen in der Regel einen höheren Eigenkapitalanteil vorweisen. Das gilt vor allem im Einzelhandel.

FÖRDERPROGRAMME NUTZEN ACHTUNG

Um dieser Situation gerecht zu werden und die Möglichkeit zu verbessern, neue Geschäftsideen durch mutige Existenzgründer auch realisierbar zu machen, wurden verschiedene Förderprogramme gestartet, die den jungen Unternehmen das notwendige Eigenkapital verschaffen. Dazu finden Sie detaillierte Informationen im nächsten Kapitel.

So bleiben Sie liquide

Die finanziellen Mittel des Existenzgründers, Eigen- und Fremdkapital, müssen ausreichen, den Start zu finanzieren. Darüber hinaus müssen Sie als Jungunternehmer sicherstellen, dass Ihr Unternehmen jederzeit in der Lage ist, seine Verbindlichkeiten termingerecht zu erfüllen. An die Zahlungsfähigkeit, also die Liquidität, eines Unternehmens werden hohe Ansprüche gestellt. Können die Gläubiger, also Lieferanten, Mitarbeiter, Banken usw., nicht bezahlt werden, kommt es sehr schnell zu einem Insolvenzverfahren.

Die Planung der Liquidität Ihres Unternehmens ist daher von Anfang an eine Ihrer wichtigsten Aufgaben als Unternehmer. Leider hat die Erfolgsplanung nur wenig zu tun mit der Liquiditätsplanung, da es zu viele Kosten gibt, die keine Ausgaben darstellen, die Liquidität daher nicht belasten. Auf der anderen Seite gibt es Ausgaben, die nicht in den Kosten erscheinen, z. B. für den Wareneinkauf. Erlöse führen nicht immer in der gleichen Periode zu Einnahmen, da in der deutschen Industrie in der Regel mit einem Zahlungsziel fakturiert wird. Außerdem gibt es Zahlungsströme, die mit der eigentlichen unternehmerischen Tätigkeit wenig zu tun haben, die Liquidität jedoch verändern (Kredittilgung, Steuerzahlung, Privatentnahmen, ...).

Um eine exakte Planung der Liquidität durchzuführen, müssen die Forderungs- und Verbindlichkeitskonten, die durchschnittlichen Zahlungsgewohnheiten der Kunden mit Dauer und Skontoausnutzung und weitere detaillierte Kenntnisse einbezogen werden. So muss ein Unternehmen ab einer gewissen Größe vorgehen, vor allem dann, wenn die liquiden Mittel knapp sind. Für die meisten Unternehmensgründer reicht jedoch zunächst eine vereinfachte Übersicht aus, die jedoch regelmäßig aktualisiert werden sollte.

Beispiel: Handwerk hat doch goldenen Boden?

Für seine neue Schreinerei plant Gerhard W. den Einsatz eigener Mittel in Höhe von 100.000 EUR, seine Bank finanziert den gleichen Betrag. Das Darlehen muss jedoch jeweils im Dezember mit 25.000 EUR getilgt werden. Außerdem sind Umsätze von monatlich 50.000 EUR realistisch, wobei sich im Januar, dem ersten Monat der Selbstständigkeit, und Februar ein geringerer Wert ergibt. Der Zahlungseingang ist ebenso wie der Zahlungsausgang für die Kosten jeweils um einen Monat verschoben. Damit ergibt sich das folgende Bild:

Liquiditätsplanung 1. Halbjahr						
	Jan	**Feb**	**Mrz**	**Apr**	**Mai**	**Jun**
Flüssige Mittel zu Beginn	0	31	2	2	0	-5
Erlöse (netto)	0	20	40	50	50	50
Kreditauszahlung	100	0	0	0	0	0
Einzahlungen Gesellschafter	100	0	0	0	0	0
Sonstige Zugänge	0	0	0	0	0	0
Summe Einnahmen	200	20	40	50	50	50
Auszahlung aus Kosten	12	20	28	35	35	35
Wareneinkauf Lager	0	15	10	5	5	0
Investitionen	150	10	0	10	0	0
Kredittilgungen	0	0	0	0	0	0
Privatentnahmen	2	2	2	2	5	2
Steuerzahlungen	0	0	0	0	10	0
Sonstige Auszahlungen	5	2	0	0	0	0
Summe Auszahlungen	169	49	40	52	55	37
Veränderung Liquidität	31	-29	0	-2	-5	13
Flüssige Mittel am Ende	31	2	2	0	-5	8

Liquiditätsplanung 2. Halbjahr						
	Jul	**Aug**	**Sep**	**Okt**	**Nov**	**Dez**
Flüssige Mittel zu Beginn	8	21	24	32	35	43
Erlöse (netto)	50	50	50	50	50	50
Kreditauszahlung	0	0	0	0	0	0
Einzahlungen Gesellschafter	0	0	0	0	0	0
Sonstige Zugänge	0	0	0	0	0	0
Summe Einnahmen	50	50	50	50	50	50

Auszahlung aus Kosten	35	35	35	35	35	40
Wareneinkauf Lager	0	0	0	0	5	5
Investitionen	0	10	0	10	0	0
Kredittilgungen	0	0	0	0	0	25
Privatentnahmen	2	2	2	2	2	5
Steuerzahlungen	0	0	5	0	0	5
Sonstige Auszahlungen	0	0	0	0	0	2
Summe Auszahlungen	37	47	42	47	42	82
Veränderung Liquidität	13	3	8	3	8	-32
Flüssige Mittel am Ende	21	24	32	35	43	11

Da auch die Ausgaben für den Aufbau des Lagerbestands an Materialien und die Steuervorauszahlungen berücksichtigt sind, dürfte das Ergebnis realistisch sein. Es stellt sich heraus, dass in den Monaten Februar bis Mai die Liquidität sehr angespannt, zuletzt sogar negativ ist. Daher hat Gerhard W. mit seiner Bank einen Kreditrahmen für das Kontokorrentkonto in Höhe von 10.000 EUR vereinbart, um die temporäre Belastung zu meistern.

Erstellen Sie Ihr persönliche Liquiditätsplanung

Auf Ihrer CD-ROM finden Sie eine Exceltabelle, mit der Sie Ihre persönliche Liquiditätsplanung erstellen können. Mit einer solchen Planung, die durchaus negative Zeiträume beinhalten kann, überzeugen Sie Ihre Bank sowohl von Ihren unternehmerischen Fähigkeiten als auch von dem temporären Charakter der finanzielle Notlage. Wenn Sie erst mit dem bereits entstandenen negativen Kontostand zu Ihrer Bank gehen, sind die Verhandlungen wesentlich schwerer.

Wenn Sie einmal Ihre Liquiditätsplanung aufgestellt haben, müssen Sie diese permanent fortschreiben. Planungen sind immer sehr ungenau, unvorhergesehene Veränderungen (z. B. zahlt ein großer Kunde später) können zu einer gefährlichen Zuspitzung Ihrer finanziellen Lage führen. Die Liquiditätsplanung betrifft den Lebensnerv Ihres jungen Unternehmens. Daher müssen Sie diese sorgfältig erledigen und bereits vor dem Start Ihrer Unternehmung damit beginnen.

Prüfen Sie Ihre Liquiditätsplanung

Durch die Beantwortung der Fragen auf dieser Checkliste, die Sie auch auf Ihrer CD-ROM finden, können Sie feststellen, ob Sie Ihre Zahlungsfähigkeit realistisch geplant haben:

CD-ROM **HABEN SIE IHRE LIQUIDITÄT REALISTISCH GEPLANT?** CHECK

	ja	nein
Haben Sie alle Mittelzuflüsse zu Beginn des Unternehmens berücksichtigt (Kapitaleinzahlung, Gesellschafterdarlehen, Fremdkredite)?	☐	☐
Haben Sie eine Verschiebung zwischen dem Termin der Rechnungsschreibung und dem Zahlungseingang berücksichtigt?	☐	☐
Haben Sie die Umsatzerlöse netto, das heißt ohne Mehrwertsteuer und nach Abzug der Rabatte und Skonti, berücksichtigt?	☐	☐
Wurde bei den Kreditauszahlungen der Betrag um ein eventuell vereinbartes Disagio reduziert?	☐	☐
Gibt es sonstige Einnahmen, z. B. aus dem Verkauf von Vermögensteilen des Unternehmens?	☐	☐
Haben Sie alle Kosten den Perioden zugeordnet, in denen sie bezahlt werden müssen?	☐	☐
Haben Sie nur Kosten, die auch Auszahlungen sind, berücksichtigt?	☐	☐
Haben Sie beachtet, dass die Wareneinkäufe nur separat anzugeben sind, wenn sie zu einer Lagerbestandsveränderung geführt haben?	☐	☐

Manche Investitionen müssen in mehreren Tranchen bezahlt werden. Sind die Termine für die Auszahlung korrekt berücksichtigt?	☐	☐
Haben Sie Ihren privaten Geldbedarf korrekt berechnet und z. B. an die Kranken- und Lebensversicherungen gedacht?	☐	☐
Müssen Sie Steuervorauszahlungen leisten und haben Sie Steuernachzahlungen eingetragen? Es handelt sich hier um Einkommen-, Körperschaft- und Gewerbesteuer.	☐	☐
Haben Sie eine Vorsorge für unerwartete Zahlungen (z. B. für Reparaturen) in den sonstigen Auszahlungen getroffen?	☐	☐
Haben Sie eine Erklärung für die Schwankungen in der Liquidität Ihres Unternehmens?	☐	☐

Damit Sie keine bösen Überraschungen erleben, müssen Sie vor allem zu Beginn Ihrer unternehmerischen Tätigkeit bei allen Entscheidungen berücksichtigen, welche Auswirkungen diese auf Ihre Liquidität haben. Einige Beispiele:

- Ein guter Kunde bittet darum, eine Rechnung vier Wochen später zahlen zu dürfen. Ihre Liquidität wird belastet.
- Ein guter Kunde verlangt einen Sonderrabatt für die Ausstattung eines seiner Geschäfte. Ihre Liquidität wird belastet.
- Ein Lieferant bietet Ihnen eine große Menge von Ihnen benötigten Materials zu einem Sonderpreis. Ihre Zahlungsfähigkeit sinkt, wenn Sie keine Valuta vereinbaren können.
- Sie können eine gebrauchte Maschine, die Sie nicht mehr einsetzen, günstig verkaufen. Sie erhalten zusätzliche liquide Mittel.

- Sie erhalten einen großen Auftrag, der Ihre Kapazitäten über mehrere Monate auslastet. Ihre Liquidität sinkt, da Sie in der Regel eine Vorfinanzierung (Material, Löhne, ...) durchführen müssen.
- Der Umbau einer Maschine, die 10.000 EUR kostet, spart Ihnen über fünf Jahre insgesamt 20.000 EUR an Lohnkosten. Zunächst sinkt Ihre Liquidität jedoch.
- Sie verkaufen Ihren Bestand an Produkten aus der letzten Saison zu einem Sonderpreis, der unter dem Bewertungspreis liegt. Sie erhöhen die Liquidität, obwohl ein Verlust entsteht.

Welche Versicherungen Sie wirklich brauchen

Als Existenzgründer sorgen Sie selbst auf zwei Gebieten für die notwendige Sicherheit im nicht abwendbaren Schadensfall.

- Zum einen müssen Sie die Risken, die Ihrem Unternehmen drohen und die Sie wirtschaftlich nicht vermeiden können, durch betriebliche Versicherungen minimieren.
- Zum anderen müssen Sie sich selbst und Ihre Familie vor den Lebensrisiken schützen.

Dazu schließen Sie Versicherungen ab.

VON EXPERTEN BERATEN LASSEN ACHTUNG

Lassen Sie sich durch Versicherungsexperten beraten. Der Markt kennt vor allem für betriebliche Versicherungen den Versicherungsmakler, der sich mit allen Formen der Versicherung, auch im privaten Bereich, auskennt. Vor allem Existenzgründer, die ein Produktionsunternehmen oder eine Dienstleistungsgesellschaft mit mehreren Angestellten gründen wollen, können diesen Berater nutzen.

Der Versicherungsmakler wird durch die Provisionen der Versicherungsgesellschaften bezahlt. Dennoch ist er der Vertreter des Versicherungsnehmers. Er kann Ihnen mit seinem Wissen bei der Festlegung der optimalen Versorgung helfen und ist an einem zufriedenen Kunden interessiert. Diese Beratung verursacht keine Kosten für das junge Unternehmen.

Eine andere, neutrale Stelle für die Beratung hinsichtlich des Abschlusses von Versicherungsverträgen ist der Deutsche Versicherungs-Schutzbund e. V., der seine Mitglieder auch bei der Überprüfung von Sicherheitsvorschriften hilft.

Welche persönlichen Absicherungen Sie brauchen

Als selbstständiger Unternehmer fallen Sie aus dem Zwangssystem der Sozialversicherungen in Deutschland heraus. Sie sind selbst verantwortlich für die Absicherungen der Risiken, die Ihnen und Ihrer Familie durch Krankheit, Unfall oder Alter entstehen. Die wichtigsten Versicherungen zu Ihrer persönlichen Sicherheit sind die folgenden:

Krankenversicherung

Auch als Unternehmer können Sie krank werden. Wenn Sie vor der Selbstständigkeit sozialversicherungspflichtig beschäftigt waren, können Sie sich und Ihre Familie in der gesetzlichen Krankenkasse weiter freiwillig versichern lassen. Sie können sich jedoch auch in einer privaten Krankenkasse individuell gegen die Krankheitsrisiken versichern. Prüfen Sie Ihre Entscheidung gründlich und unter allen Gesichtspunkten. Beispielsweise ist die private Krankenversicherung für Familien häufig weniger günstig.

Pflegeversicherung

Auch die Pflegeversicherung, die Ihnen für die notwendige Pflege die Kosten erstattet, können Sie sowohl bei den gesetzlichen als auch bei den privaten Krankenversicherungen abschließen.

Unfallversicherung

Als Unternehmer können Sie sich und Ihren mitarbeitenden Ehepartner freiwillig bei der Berufsgenossenschaft gegen die Auswirkungen eines beruflich bedingten Unfalls versichern. Sie können sich diesen Schutz aber auch bei privaten Versicherungsunternehmen kaufen. Dort ist auch eine Ausweitung des Schutzes auf die Unfälle, die im Privatbereich geschehen, möglich.

Berufsunfähigkeitsversicherung

Viele Existenzgründer übersehen die Gefahr, dass sie durch Krankheit oder Unfall in eine Situation kommen könnten, in der sie ihre Tätigkeit nicht mehr ausführen können. Wer abhängig beschäftigt ist, ist automatisch in der Berufsgenossenschaft gegen ein solches Risiko versichert, Selbstständige müssen sich selbst dagegen versichern.

Altersvorsorge

Auf jeden Fall muss sich der junge Unternehmer um seine Absicherung im Alter kümmern. Die gesetzliche Rentenversicherung ist nicht mehr zuständig, es sei denn, Sie zahlen freiwillig weiter Beiträge. Sie können jedoch die Chance nutzen und auf dem freien Markt eine bessere Rendite erzielen. Am weitesten verbreitet, zumindest als Grundversorgung, sind Kapitallebensversicherungen. Sie haben den Vorteil, dass sie auch Ihre Familie für den Fall des plötzlichen Todes absichern.

Wie Sie Ihr Unternehmen absichern

Selbstverständlich ist es Aufgabe des Unternehmers, die Risiken, die sich für und aus der betrieblichen Tätigkeit ergeben, zu minimieren. Nicht immer kann dies wirtschaftlich geschehen, es wird immer ein Restrisiko bleiben. Dieses wird durch eine betriebliche Versicherung abgedeckt, sodass im Schadensfall die Existenz Ihres Unternehmens und damit Ihre Existenz nicht gefährdet werden.

Eigenleistung lohnt sich

Die Versicherungen können in einigen Branchen erhebliche Kosten verursachen. Als Unternehmer sorgen Sie für eine Optimierung der Versicherungsprämien, indem Sie

- eine Eigenbeteiligung an den Schäden in zumutbarer Höhe vereinbaren. So reduzieren Sie Ihre Prämie und den Verwaltungsaufwand;
- Sicherheitsvorkehrungen, die Sie vorher mit der Versicherungsgesellschaft vereinbart haben, durchführen, die das Risiko minimieren (Alarmanlage, Sprinklersystem, ...).

Als Existenzgründer sind Sie in der Lage, bereits bei der Auswahl der Räume für Ihr Unternehmen auf die notwendige Sicherheit zu achten.

Bevor Sie sich versichern, müssen Sie die Risiken, die Ihrem Unternehmen drohen, erkennen und einschätzen. Beurteilen Sie dabei anhand der folgenden Checkliste, die Sie auch auf Ihrer CD-ROM finden, die Auswirkungen eines Schadens auf Ihr Unternehmen:

CHECK **WIE SIE DIE RISIKEN BEURTEILEN** CD-ROM

	gering	mittel	hoch
Feuer	☐	☐	☐
Sturm	☐	☐	☐
Leitungswasser	☐	☐	☐
Einbruchdiebstahl	☐	☐	☐
EDV-Missbrauch	☐	☐	☐
EDV-Schaden	☐	☐	☐

Betriebsunterbrechung	☐	☐	☐
Betriebshaftpflicht	☐	☐	☐
Produkthaftpflicht	☐	☐	☐
Sonstige Haftpflicht	☐	☐	☐
Kraftfahrzeugschäden	☐	☐	☐
Transportschäden	☐	☐	☐
Forderungsausfall	☐	☐	☐

Wenn Sie nur geringe Risiken für Ihr Unternehmen festgestellt haben, werden Sie versuchen, dieses durch eigene Maßnahmen weiter zu reduzieren. Bei mittleren und hohen Auswirkungen der Risiken hat Ihr Unternehmen einen Bedarf an Versicherungen zur Ergänzung der eigenen Maßnahmen. Wichtig sind vor allen Dingen folgende Versicherungen:

Die Haftpflichtversicherung

Ihr Unternehmen haftet in vielen Fällen, z. B. für Schäden, die Besucher Ihrer Räume erleiden. Das gilt vor allem für Existenzgründungen im Einzelhandel, der mit großem Publikumsverkehr zu tun hat.

Als Produzent müssen Sie immer an die Produkthaftung denken, die Sie zum Ersatz von Schäden, die durch Ihre fehlerhaften Produkte entstanden sind, verpflichtet.

Für Kraftfahrzeuge ist eine Haftpflichtversicherung vorgeschrieben. Prüfen Sie auch, ob für Sie eine Umwelthaftpflichtversicherung sinnvoll ist.

Versicherung gegen Schäden verschiedenster Art

Eine Versicherung gegen Feuer, Sturmschäden und Leitungswassereinbrüche ist üblich. Sie können sich auch gegen den Missbrauch Ihrer EDV-Anlage versichern lassen, falls diese für Ihr Unternehmen sehr wichtig ist.

Die Betriebsunterbrechungsversicherung

Vor allem Produktionsbetriebe können in große Schwierigkeiten geraten, wenn durch ein Feuer, einen Maschinenschaden oder einen Computerausfall das Unternehmen zumindest zeitweise seinen Betrieb einstellen muss. Die Betriebsunterbrechungsversicherung zahlt in solchen Fällen die laufenden Kosten und den entgangenen Gewinn. Die Versicherungsprämien dafür sind recht hoch und sehr komplex in der Ermittlung. Daher sollte jeder Gründer prüfen, ob er diese Versicherung wirklich benötigt oder besser durch eigene Maßnahmen Vorkehrungen zum Schutz trifft.

Die Transportversicherung

In der Regel trägt der Käufer einer Sache das Transportrisiko. Das gilt somit für alle Einkäufe, die das Unternehmen tätigt und, je nach Vereinbarung, u. U. auch für die Verkäufe. Die Transportversicherung mit umsatzabhängigen Prämien sichert gegen Schäden auf dem Transportweg.

BEISPIEL

INVESTITIONSGÜTER IN DIE VERSICHERUNG MIT EINSCHLIEßEN

Gerade neu gegründete Unternehmen kaufen Maschinen, die für die Produktion wichtig sind und oft erhebliche Werte darstellen. Die Lieferzeit für solche Investitionsgüter kann mehrere Monate betragen. Schließen Sie für den jeweiligen Transport eine eigene Versicherung ab bzw. schließen Sie genau diesen Transport in Ihre bestehende Transportversicherung mit ein. Das kostet nur wenige Euro und bringt Ihnen erhebliche Sicherheit.

Kreditversicherung

Für jedes Unternehmen können Forderungsausfälle existenzgefährdend sein. Das gilt ganz besonders für junge Betriebe, die auf jeden Euro angewiesen sind. Mit einer Kreditversicherung können Sie einen Forderungsausfall zumindest teilweise abfangen. Sie ist zu empfehlen, wenn große Forderungen an einzelne Kunden bestehen und/oder in einer Branche mit hohen Insolvenzquoten gearbeitet wird.

FORDERUNGEN RICHTIG VERSICHERN ACHTUNG

Wenn Sie Ihre Forderungen gegen Ausfall versichern wollen, müssen Sie Ihren Forderungsbestand in mehrere Gruppen unterteilen:

- Die Forderungen gegen öffentliche Einrichtungen (Staat, Länder, Kommunen, ...) werden zwar oft nur langsam realisiert, sind jedoch nicht gefährdet. Eine Versicherung ist nicht notwendig.
- Die Vielzahl kleiner Forderungen gegen einzelne Kunden kann pauschal versichert werden (z. B. bis 2.500 EUR). Sie sparen damit Aufwand für Prüfung und Meldung.
- Große Risiken (über 2.500 EUR) müssen für die Versicherung vor Entstehen geprüft werden. Die Überwachung erfordert Aufwand.
- Forderungen gegen ausländische Kunden müssen meist separat versichert werden.

Durch die Vereinbarung einer Selbstbeteiligung kann die Prämie für die Kreditversicherung gesenkt werden. Kriterium für die Auswahl der richtigen Versicherungsgesellschaft ist auch die Schnelligkeit, mit der diese die beantragten Risiken prüft. Nur bei schneller Reaktion (z. B. sofortige Zusage im Internet) können Sie auch schnell liefern.

Was passiert mit den Versicherungen bei einer Übernahme

Wenn Sie ein bestehendes Unternehmen übernehmen, gehen die Sachversicherungen automatisch auf Sie über. Sie können sie jedoch innerhalb von vier Wochen, nachdem Sie Kenntnis von diesen Versicherungen erhalten haben, mit sofortiger Wirkung kündigen. Oft ist es günstiger, die Kündigung erst zu dem Termin auszusprechen, bis zu dem die Versicherungsprämien vom Vorbesitzer des Unternehmens bereits bezahlt sind. Nehmen Sie Kontakt auf mit dem zuständigen Versicherungsvertreter, klären Sie die Sachlage und prüfen Sie auch andere Angebote. Wenn Sie eine Kapitalgesellschaft übernehmen, müssen Sie auch die Versicherungsverträge übernehmen, die von der Gesellschaft als juristische Person bindend abgeschlossen wurden.

Checkliste: Haben Sie bei Ihrer Planung alles berücksichtigt?

Hier noch einmal ein kurzer Überblick, damit Sie bei Ihrer Planung auch wirklich nichts vergessen. Nehmen Sie sich Zeit und gehen Sie alle Fragen in Ruhe noch einmal durch. Wenn Sie sich in einem Punkt unsicher sind, lesen Sie im entsprechenden Abschnitt noch einmal nach und besorgen sich gegebenenfalls weiterführende Literatur bzw. Rat und Hilfe bei den einschlägigen Stellen. Die Checkliste finden Sie auch auf Ihrer CD-ROM.

CHECK – WAS SIE BEI IHRER PLANUNG BERÜCKSICHTIGEN MÜSSEN (CD-ROM)

	ja	nein
Benötigen Sie professionelle Hilfe bei der Aufstellung Ihrer Unternehmensplanung?	☐	☐
Können Sie Ihre Erlöse zuverlässig planen?	☐	☐
Haben Sie alle Kosten in der Planung korrekt berücksichtigt?	☐	☐
Haben Sie Ausgaben für langlebige Investitionen im Kostenplan auf die Lebensdauer verteilt?	☐	☐
Haben Sie die Preise für Ihre Produkte mit ausreichenden Margen kalkuliert?	☐	☐
Kennen Sie die wichtigsten Kennziffern für Ihr Geschäft?	☐	☐
Ist die Liquidität Ihres Unternehmens für das erste Jahr gesichert?	☐	☐
Sind Sie optimal versichert (nicht über- und nicht unterversichert)?	☐	☐

Wie finanziere ich mein Unternehmen?

Wer sich selbstständig machen will, benötigt Geld: Von der Büroausstattung eines Übersetzers bis zu den Maschinen im produzierenden Gewerbe können das ganz unterschiedliche Summen sein. Wichtig ist, dass Sie zu Ihrem Finanzbedarf einen klaren Plan aufstellen und somit wissen, was Sie selbst finanzieren können und wie viel Geld Sie von anderen benötigen.

In diesem Kapitel lesen Sie,

- warum Ihr Eigenkapital besonders wichtig ist,
- wie Sie private Geldgeber für sich gewinnen und sich auf ein Gespräch bei einer Bank vorbereiten und
- wie sie öffentliche Fördertöpfe anzapfen und welche Förderungen die Bundesagentur für Arbeit anbietet.

So ermitteln Sie Ihren Finanzbedarf

Existenzgründer, die genügend Eigenkapital besitzen, könnten sich die detaillierte Beschäftigung mit dem Finanzbedarf ihres neuen Unternehmens sparen. Doch auch sie können nur durch eine entsprechende Berechnung feststellen, ob ihre Eigenmittel ausreichen.

Um den Finanzbedarf festzustellen, ist Planung notwendig. Ideen und Hartnäckigkeit sind gefragt, wenn es darum geht, diesen zu decken. In fast allen Existenzgründungen sind Bankgespräche unvermeidlich.

Wenn Sie als Existenzgründer nicht mit Euphorie an die Sache herangehen, haben Sie nur wenig Chancen auf Erfolg. Doch neben dem Engagement für Ihre Idee müssen Sie auch in der Lage sein, Ihre Planungen mit Leben zu füllen. Dazu gehört auch die Ermittlung des Finanzbedarfs, der für die Umsetzung Ihrer Geschäftsidee notwendig ist.

Dieser wird meist unterschätzt. Um ein böses Erwachen zu vermeiden, müssen Sie bereits im Vorfeld feststellen, wie viel Geld Sie für die Gründung und den erfolgreichen Start benötigen. Für die unterschiedlichen Unternehmenstypen sind unterschiedliche Schwerpunkte zu setzen.

BEISPIEL

CHANCEN MIT MEHR KAPITAL NUTZEN

Als der Arbeitgeber von Günther N., ein großer Möbelhersteller, im Zuge der Konzentration auf die eigentliche Kompetenz die Auslagerung der Kunststoffspritzgussabteilung plante, ergriff Günther N. die Chance und bereitete seine Selbstständigkeit vor. Die von seinem Arbeitgeber zu kaufenden drei Maschinen sollten in einer kleinen Halle im gleichen Industriegebiet aufgestellt werden. Der Kauf der Maschinen und zusätzlichen Einrichtungen sollte mit Günther N.s vorhandenem Eigenkapital und mit einem gleich hohen Bankkredit finanziert werden.

Bei der Prüfung dieser Geschäftsidee wurde schnell klar, dass auch viele andere Industrieunternehmen bereit waren, ihre Spritzgussteile bei Günther N. herstellen zu lassen. Die Nähe zum Lieferanten, die Flexibilität und die Qualität überzeugten. Schnell waren die drei Maschinen in der Planung bereits ausgelastet. Um richtig wettbewerbsfähig zu sein und um die gefunden Chancen nutzen zu können, wollte Günther N. eine neue, mit der modernsten Spritzgusstechnik ausgestattete Maschine für 200.000 EUR kaufen.

Die Bank, die bisher so gut mitgespielt hatte, winkte ab. Sie war nicht bereit, den gesamten Betrag zu finanzieren. Andere Banken zeigten wenig Interesse, selbst Leasinggeber wollten mehr Sicherheiten sehen. Doch Günther N. verfügte nicht über mehr Kapital, um es in sein Unternehmen zu stecken. Schließlich machte sein Gesprächspartner bei der IHK auf die Möglichkeit aufmerksam, eine halbstaatliche Beteiligungsgesellschaft mit ins Boot zu holen.

Nach zugegeben langwieriger Prüfung erwarb die Gesellschaft, die zum Teil dem Land Nordrhein-Westfalen gehört, nicht nur eine Minderheitsbeteiligung an der Existenzgründung, sie gab sogar zusätzliche Kredite und sorgte für eine Landesbürgschaft. Die Maschine konnte gekauft werden, das Unternehmen wurde wie geplant erfolgreich.

Die folgende Tabelle zeigt Ihnen die Bereiche, in denen bei der Gründung Ihres Unternehmens die finanziellen Mittel fließen werden. Der Haken im jeweiligen Feld deutet auf einen besonderen Schwerpunkt hin, der sich in der Praxis bei dem Unternehmenstyp der Spalte immer wieder findet.

		Einzelhandel	Dienstleistung	Industrie
Investitionen	Grundstück			✓
	Gebäude			✓
	Mietkaution	✓	✓	·
	Umbau	✓		✓
	Renovierung	✓	✓	✓
	Maschinen			✓
	Fahrzeuge		✓	✓
	Büroeinrichtung		✓	✓
	Geschäftsausstattung	✓	✓	
	Reserve			

Betriebsmittel	Bestand Rohstoffe			✓
	Bestand Hilfs-, Betriebsstoffe			
	Bestand Ware	✓		✓
	Forderungsbestand		✓	✓
	Liquide Mittel	✓		
	Reserve			✓
Gründungskosten	Beratung		✓	✓
	Anmeldung, Genehmigung			✓
	Eintragung Handelsregister			✓
	Notar			
	Information	✓	✓	✓
	Aus- und Weiterbildung		✓	
	Marketingkosten	✓	✓	
	Reserve			
	Summe			

Auch nach der Gründung entsteht Finanzbedarf

Verbinden Sie diese Berechnung Ihres Finanzbedarfs unbedingt mit der Liquiditätsplanung für das erste Jahr. Durch die Geschäftstätigkeit kann im Laufe der Zeit ein noch größerer Finanzbedarf entstehen. Zwar sind in der Tabelle der Forderungsbestand und liquide Mittel berücksichtigt. Diese erhalten Sie jedoch erst aus der Planung Ihrer Zahlungsfähigkeit. Zeigen Sie Ihrer Bank, dass Sie die Planung des Finanzbedarfs auch über die Gründung hinaus durchgeführt haben.

Beispiel: Übersetzungsbüro

Für die Einrichtung eines Übersetzungsbüros liegt der Investitionsschwerpunkt auf der Büro- und Geschäftsausstattung, mit der ein hochwertiger Computer mit den peripheren Systemen und einer Vernetzung zum Internet gemeint sind. In der Praxis lassen sich die Gründer eines solchen Dienstleistungsunternehmens meist intensiv auf ihre neue Aufgabe vorbereiten. Daher die hohen Ausbildungskosten in der Gründungsphase.

		Dienstleistung
Investitionen	Mietkaution	2.000 EUR
	Renovierung	2.500 EUR
	Fahrzeuge	14.900 EUR
	Büroeinrichtung	3.000 EUR
	Geschäftsausstattung	5.000 EUR
	Reserve	500 EUR
Betriebsmittel	Bestand Hilfs-, Betriebsstoffe	250 EUR
	Forderungsbestand	2.500 EUR
	Liquide Mittel	2.000 EUR
	Reserve	500 EUR
Gründungskosten	Beratung	1.000 EUR
	Anmeldung, Genehmigung	100 EUR
	Information	250 EUR
	Aus- und Weiterbildung	2.500 EUR
	Marketingkosten	2.000 EUR
	Reserve	500 EUR
	Summe	39.500 EUR

Ohne Eigenkapital geht es nicht

Der errechnete Finanzbedarf muss gedeckt werden. Das geschieht in einem Unternehmen grundsätzlich durch zwei Quellen:

- Der oder die Gründer bringen das Kapital auf (Eigenkapital) oder
- Dritte wie z. B. Banken geben Kredite (Fremdkapital).

Eine Gründung ohne Eigenkapital ist weder möglich noch sinnvoll. Das Eigenkapital hat – auch später im Bestand des Unternehmens – wichtige Aufgaben:

- Das vom Gründer eingebrachte Eigenkapital signalisiert den Fremdkapitalgebern, dass auch der Gründer bereit ist, ein Risiko einzugehen, und von seiner Geschäftsidee überzeugt ist.
- Ein hohes Eigenkapital eröffnet größere Spielräume bei der Fremdkapitalbeschaffung, da die Banken die Höhe des Eigenkapitals als Maßstab auch für ihr eigenes Engagement ansetzen.
- Flexibilität: Das Eigenkapital dient zur Absicherung des Unternehmens gegen unvorhersehbaren Finanzbedarf. Es deckt eventuell entstehende Verluste, ermöglicht aber auch die eigenständige und schnelle Wahrnehmung sich bietender Chancen.
- Fremdkapital kostet Geld, Eigenkapital ist in der Regel günstiger zu haben. Die kalkulatorische Verzinsung belastet nicht die Gewinn- und Verlustrechnung des Unternehmens.

Mit der folgenden Berechnung ermitteln Sie Ihren persönlichen Bestand an freien Finanzmitteln, die Sie als Eigenkapital in Ihre Gründung einbringen können:

Berechnung vorhandener Finanzmittel	
Zur Verfügung stehende freie Mittel (Sparguthaben, ...)	
Bis zur Gründung noch erwartete zusätzliche Mittel (Sparvertrag, Abfindung, ...)	
Wert persönlicher Vermögensgegenstände, die beliehen werden könnten	
Mittel, die Sie sich in der Familie oder von Freunden leihen können und wollen	
Wert der Sachmittel, die Sie als Eigenkapital einbringen können (Fahrzeug, Büroausstattung, ...)	

Wert der Eigenleistung, die Sie erbringen können (Renovierung, Bau von Regalen, ...)	
Summe	

Sacheinlagen und Eigenleistung

Seien Sie sehr vorsichtig bei der Bewertung von Sacheinlagen, die Sie in Ihr Unternehmen einbringen wollen, und von Sachleistungen, die einen Teil des Eigenkapitals ersetzen sollen. Die Banken stehen diesen Mitteln sehr reserviert gegenüber. In Gesellschaften mit vertraglich festgelegtem Eigenkapital müssen bei der Gründung Gutachter den Wert der Einlagen bzw. Leistungen beurteilen. Diese kommen oft zu geringeren Beträgen als der Gründer.

Sacheinlagen und Eigenleistungen sollten nur dann Eigenkapital ersetzen, wenn es notwendig ist, da keine ausreichenden finanziellen Mittel vorhanden sind, und wenn die geschaffenen oder eingebrachten Werte für das Unternehmen auch wirklich nützlich sind.

Fahrzeuge können in der Regel unproblematisch bewertet und im Unternehmen verwendet werden. Die gebrauchte Büroeinrichtung hat in aller Regel einen verschwindend geringen Wert. Kunstgegenstände aus dem Privatvermögen mögen zwar werthaltig sein, jedoch ist der Nutzen für ein Unternehmen nicht ohne weiteres erkennbar.

In Gesellschaften, in denen die Haftung auf das Eigenkapital beschränkt ist, muss die Höhe dieses Kapitals dem Geschäftsumfang entsprechen. Ein Unternehmen mit mehreren Millionen Euro Umsatz kann nicht in Form einer GmbH mit einem Kapital von 25.000 Euro geführt werden. Bei kleineren Gesellschaften hingegen kann diese Summe durchaus angemessen sein. In solchen Fällen muss nicht der gesamte Kapitalbedarf, der durch Eigenmittel gedeckt wird, als haftendes Eigenkapital behandelt werden.

Die Gesellschafter können dem Unternehmen die Mittel auch in Form von Gesellschafterdarlehen zur Verfügung stellen. Dies hat den Vorteil, dass sie später zurückgeführt werden können, ohne Gesellschafterverträge und Handelsregistereinträge verändern zu müssen. Zwei Dinge müssen Sie in einer solchen Konstellation beachten:

- Damit die Gesellschafterdarlehen einen eigenkapitalähnlichen Charakter erhalten, müssen vertragliche Vereinbarungen entsprechend gestaltet und Rangrücktrittserklärungen abgegeben werden.
- Die Verzinsung der Gesellschafterdarlehen darf den gegenüber Dritten üblichen Zinssatz nicht übersteigen. Das Finanzamt würde eine verdeckte Gewinnausschüttung vermuten, entsprechende Korrekturen vornehmen und unter Umständen eine Strafe verhängen.

Wie Sie Finanzierungslücken schließen

Nach der Ermittlung des Finanzbedarfs und des vorhandenen Eigenkapitals wird in aller Regel eine Finanzierungslücke aufgedeckt. Die eigenen Mittel der Existenzgründer sind zu gering, um alle Anforderungen zu erfüllen. Das gilt vor allen Dingen im Bereich der kapitalintensiven Industrieunternehmen. Sie haben als Existenzgründer viele Möglichkeiten, die Lücke zu schließen. Grundsätzlich bieten sich zwei Alternativen:

- die Erhöhung des Eigenkapitals durch Dritte oder
- die Aufnahme von Fremdkapital.

Wenn es gelingt, weiteres Eigenkapital zu beschaffen, erhöht das die Chancen der Gründung auf ein Überleben enorm, da alle Vorteile des Eigenkapitals genutzt werden können. Erkauft wird dies in aller Regel mit dem Verlust der ungestörten Unternehmensführung. Die Eigenkapitalgeber erhalten Rechte, die der Gründer berücksichtigen muss. Doch auch Fremdkapitalgeber stellen Ansprüche.

Zusätzliches Eigenkapital

Es gibt verschiedene Möglichkeiten, Personen oder Unternehmen mit ins Boot einer Existenzgründung zu holen und zur Investition von Kapital zu bewegen:

Sie können zum Beispiel versuchen, einen anderen Existenzgründer zu finden, der eine ähnliche Idee oder ein Vorhaben ins Auge gefasst hat, das sich mit dem Ihren ergänzt. Als gleichberechtigte Partner führen Sie die Existenzgründung durch und leiten das Unternehmen. Beide müssen selbstverständlich einen finanziellen Beitrag leisten. Allerdings kann niemand die alleinige Herrschaft über das Unternehmen verlangen. Der gleichberechtigte Partner hat den Vorteil, dass er sich ebenso engagiert wie der Gründer selbst. Außerdem kann sich das Know-how der beteiligten Personen – die Partnerschaft ist nicht auf zwei begrenzt – ergänzen.

SOFTWARE ERSTELLEN, SOFTWARE VERKAUFEN BEISPIEL

Hartmut L. ist ein herausragender Programmierer von Websites und Internetauftritten. Seine Kenntnisse über die Internettechnik sind fundiert und tief greifend. Tage- und nächtelang verbeißt er sich in ein Problem und löst es. Diese Fähigkeiten hat sein bisheriger Arbeitgeber seines Erachtens nicht ausreichend gewürdigt und so erscheint ihm die Selbstständigkeit die einzig richtige Form des Erwerbslebens.

Doch er ist realistisch. Er weiß sowohl, dass seine finanziellen Möglichkeiten für den Kauf der notwendigen Technik nicht ausreichen, als auch dass er im Umgang mit Kunden ungeübt ist. Als ihm sein Arbeitskollege aus dem Vertrieb, Martin W., auf einem Betriebsfest seinen Frust über die Vertriebspolitik des Unternehmens klagt, beschließen beide, eine Partnerschaft zu prüfen.

Beide können gemeinsam ausreichend finanzielle Mittel für die technische und kaufmännische Ausstattung aufbringen. Eine Bank ist dann auch bereit, das laufende Geschäft mit einem Dispositionskredit zu finanzieren. Den Ausschlag gab jedoch die Ergänzung der beiden Existenzgründer. Martin W. kann als guter Verkäufer die Produkte, die Hartmut L. herstellt, erfolgreich vermarkten. Beide profitieren voneinander und das finanzielle Problem ist auch gelöst. Eine Win-Win-Situation, wie man sie nur selten findet.

Eine weitere Möglichkeit, das Eigenkapital zu erhöhen, ist die Beteiligung von Gesellschaftern am neuen Unternehmen. Diese müssen nicht unbedingt an der Geschäftsführung teilhaben, verlangen in der Regel jedoch ein Mitspracherecht bei wichtigen Entscheidungen. Der Kreis möglicher Gesellschafter für eine Existenzgründung ist groß. Sinnvoll ist die Suche im näheren Umkreis des Gründers und des Unternehmens. Freunde, Bekannte und Verwandte können Gesellschafter werden. Auch potenzielle Kunden und Lieferanten gehören zum Kreis der möglichen Gesellschafter. Vermeiden Sie jedoch eine zu große Abhängigkeit.

Auf dem Kapitalmarkt sind viele private Beteiligungsgesellschaften, z. B. aus dem Kreis der Banken, vertreten, deren einziges Interesse die lohnende Investition von Kapital ist. Sie sind in der Regel mit einer Minderheitsbeteiligung einverstanden, prüfen jedoch das Vorhaben sehr gründlich. Interesse besteht grundsätzlich für Unternehmen, die auf stark wachsenden Märkten arbeiten. Große Risiken werden akzeptiert, wenn auch hohe Gewinnchancen bestehen.

Staatliche Beteiligungsgesellschaften, wie sie z. B. von den Bundesländern unterhalten werden, beteiligen sich ebenfalls an jungen Unternehmen. Deren Aufgabe ist jedoch die Ausstattung Erfolg versprechender Existenzgründungen mit dem notwendigen Kapital, wenn dieses durch die Gründer nicht aufgebracht werden kann und die Banken zu wenig Sicherheiten haben.

Ob nun privat oder staatlich – es handelt sich hier meist um stille Beteiligungen, bei denen dem stillen Gesellschafter besondere Rechte eingeräumt werden. Das Engagement ist zeitlich begrenzt (üblich sind zehn Jahre) und muss eine ausreichende Rendite versprechen. Zumindest die privaten Venture-Kapitalgesellschaften verlangen Renditen über die Dauer der Beteiligung von mehr als 20 Prozent pro Jahr. Das Engagement der Gesellschaften beginnt bei ca. 50.000 Euro bei den öffentlichen Beteiligungsgesellschaften, private Investoren steigen oft erst bei einer Summe von mehr als einer Mio. Euro ein.

Fremdkapital

Durch das zusätzliche Eigenkapital geht der Gründer eine enge Verbindung mit seinen Partnern und Gesellschaftern ein. Diese Verbindung verlangt zwar geringe Sicherheiten, ist jedoch nicht einfach zu lösen, ohne das Unternehmen zu gefährden. Außerdem profitieren die Gesellschafter vom wachsenden Wert des Unternehmens.

Anders steht es um das Fremdkapital. Das wird dem Unternehmen von Dritten, in der Regel von Banken, zur Verfügung gestellt, die dafür Zinsen berechnen. Da die Banken, abgesehen von Ausnahmefällen Not leidender Unternehmen, keinen Einfluss auf die Geschäftsführung des Unternehmens nehmen, dem sie einen Kredit zur Verfügung gestellt haben, verlangen sie Sicherheiten für ihr Kreditengagement. Diese sind in der Regel sehr tief gestaffelt:

- Zunächst muss der Gründer die Bank davon überzeugen, dass er die richtige Person ist, die richtigen Kenntnisse und Fähigkeiten hat und sich überdurchschnittlich engagiert. Die notwendigen Voraussetzungen können bei mehreren Gründern in einer Partnerschaft eher erfüllt werden.
- Die Geschäftsidee des Gründers muss die Bank überzeugen. Die Branche, das Produkt und die Art und Weise, wie das Unternehmen zum Erfolg kommen will, werden beurteilt.
- Der Businessplan muss zumindest mittelfristig einen ausreichenden Gewinn ausweisen. Derzeit wird eine Rendite auch für den Unternehmer erwartet, die mit der am Aktienmarkt vergleichbar ist.
- Auch wenn der Gründer kompetent, die Idee hervorragend und die erwartete Rendite gut sind, wird die Bank dingliche Sicherheiten verlangen. Diese möglichst sparsam herauszugeben ist die Aufgabe des Unternehmers.

Folgende Sicherheiten werden von den Banken akzeptiert:

- Grundschulden: Ein Grundstück wird belastet, die Belastung im Grundbuch eingetragen.
- Sicherungsübereignung: Der Kreditnehmer bleibt im Besitz der übereigneten Sache und kann diese weiter nutzen. Eigentümer wird die Bank, die die Sache unter festgelegten Bedingungen verwerten kann (Maschinen, Fahrzeuge, Warenlager, ...).

- Forderungsabtretung: Die Bank wird Eigentümerin der Forderungen des Kreditnehmers gegen dessen Kunden. Dies wird nur im Verzugsfall bekannt, der Kreditnehmer zieht die Forderungen ein und ersetzt sie in der Regel durch neue.
- Bürgschaften: Der Bürge übernimmt für den Fall des Verzugs durch den Kreditnehmer dessen Verpflichtung.
- Kapitalanlagen: Die Bank kann als Sicherheit auch Kapitalanlagen wie Lebensversicherungen, Aktien und Wertpapiere beleihen.

Die Bank bewertet die Sicherheiten in der Regel wesentlich geringer als der Kreditnehmer. So werden Warenbestände oft nur zu 50 Prozent und Forderungen maximal zu 70 Prozent beliehen. Hintergrund ist die Befürchtung der Bank, die Sicherheiten im Falle eines Not leidenden Kredits nicht zum vollen Wert verwerten zu können. Die Banken vergeben zwei Arten von Krediten:

- den Kontokorrentkredit und
- den Investitionskredit.

Kriterium	**Kontokorrentkredit**	**Investitionskredit**
Laufzeit	kurzfristig kündbar	mittel-/langfristig mit vereinbarter Laufzeit
Zinsart	variabel	fest
Zinshöhe	relativ hoch	je nach Vereinbarungszeitpunkt
Kredithöhe	variabel mit maximaler Kreditlinie	fest mit Tilgungsplan
Sicherheit	Warenlager, Forderungen, teilweise ohne Sicherheit	Investitionsgegenstand, Grundschuld
Verwendung	laufendes Geschäft	Investition

Neben den Bankkrediten können Sie in Ihrem Unternehmen auch den Lieferantenkredit nutzen, indem Sie Rechnungen erst nach vollständiger Ausnutzung der vereinbarten Zahlungsfristen bezahlen. In Deutschland sind 30 Tage Zahlungsziel üblich, in besonderen Beziehungen können auch 60 und 90 Tage vereinbart sein. Da Sie regelmäßig einkaufen, haben Sie immer einen bestimmten Wert an offenen Verbindlichkeiten. Das ist Ihr Lieferantenkredit.

Nicht auf Skonto verzichten

Sie bezahlen diese Finanzmittel, die unkompliziert und ungesichert genutzt werden können, indem Sie auf den sonst eventuell gewährten Skontoabzug verzichten. Dadurch wird der Lieferantenkredit wesentlich teurer als Ihr Kontokorrentkredit. Ein Beispiel:

Bei einer Zahlungskondition von 30 Tagen netto, 10 Tage mit 3 % Skonto, verzichten Sie für einen Zahlungsaufschub von 20 Tagen auf eine Preisreduktion von 3 %. Das entspricht einem Jahreszins von ca. 54 %, für eine Bank Wucher, für einen Lieferantenkredit vollkommen normal.

Wenn Sie also noch freie finanzielle Spielräume haben, sollten Sie Ihre Rechnungen immer innerhalb der Skontofrist bezahlen.

GOLDENE FINANZREGEL ACHTUNG

In der Praxis hat sich eine Finanzierungsregel für langfristig erfolgreiche Unternehmen gebildet: Zumindest die langfristigen Vermögensteile sollten mit langfristigen Finanzmitteln finanziert sein. Optimal wäre die gesamte Finanzierung des Unternehmens durch Eigenkapital, dies ist jedoch nicht die Regel. Doch zumindest die Gebäude, Maschinen, Einrichtungen und andere, nur schwer und unter Verlusten zu Geld zu machende Vermögensteile müssen durch Eigenkapital und langfristige Kredite finanziert sein. Das Umlaufvermögen wie Warenbestände und Forderungen wird kurzfristig umgesetzt und kann daher mit kurzfristigen Krediten wie dem Kontokorrent- oder dem Lieferantenkredit finanziert werden.

So nutzen Sie öffentliche Fördergelder

Als Ersatz oder Ergänzung von Eigen- und Fremdkapital gibt es gerade für Gründer wichtige Förderprogramme des Bundes und der Länder. Allen gemeinsam sind folgende Punkte:

- Die Anträge werden über die Hausbank gestellt. Dort ist in der Regel auch eine effektive Beratung möglich.
- Die zu fördernden Maßnahmen dürfen noch nicht begonnen worden sein. Es ist also vor der Gründung zu prüfen, ob eine Förderung möglich ist. Da zum Teil auch spezielle Investitionen gefördert werden, kann eine Unternehmenserweiterung auch in den ersten Jahren nach der Gründung förderungswürdig sein.
- Die Förderprogramme sind zugänglich für freie Berufe und gewerblich tätige Unternehmen, nicht jedoch für den Einzelhandel. Doch auch zukünftige Einzelhändler sollten ihre Banken nach kommunalen, regionalen und überregionalen Förderprogrammen fragen.
- Die unterschiedlichen Programme von Bund und Ländern schließen sich in manchen Fällen gegenseitig aus. Dies ist bei jedem Förderantrag zu prüfen.
- Es muss sich um eine Vollexistenz handeln, die dem Gründer auch langfristig eine Zukunft bietet.
- Eine Eigenbeteiligung des Gründers wird in allen Fällen vorausgesetzt, ebenso ein zusätzliches Engagement der Hausbank. Es sollten mindestens 15 Prozent des Finanzbedarfs durch eigene Mittel gedeckt sein.
- Gefördert wird durch die Vergabe von Krediten, die lange Laufzeiten und günstige Konditionen aufweisen. Auch die Absicherung ist wesentlich einfacher zu gestalten, in manchen Programmen muss der Existenzgründer persönlich haften.

Die Förderungen versorgen das junge Unternehmen mit finanziellen Mitteln in Form von Krediten, deren Vergabe nicht den Sicherheitsbedenken der Banken unterliegt. Das Unternehmerkapital versorgt die Gründung mit Krediten, die wegen ihrer Haftung Eigenkapitalcharakter haben und auch als solches ausgewiesen werden. Auf jeden Fall erhöhen Fördergelder die Attraktivität des Unternehmens für die Banken.

Um die Möglichkeiten zur Förderung Ihres Unternehmens festzustellen, ist eine individuelle Prüfung und Beratung notwendig. Dies kann eine gute Hausbank übernehmen. Unabhängige Berater kosten zwar Geld, holen dies durch das Ergebnis ihrer Arbeit jedoch schnell wieder herein.

An dieser Stelle ein Überblick über die wichtigsten bundesweiten Förderprogramme, die über die KfW-Mittelstandsbank abgewickelt werden. Diese und weitere staatliche Programme finden Sie auf Ihrer CD-ROM.

Programm Unternehmerkapital		
Ziel	Verbreiterung der Eigenkapitalbasis durch die Gewährung nachrangig gesicherter Darlehen.	
Zielgruppe	■ Existenzgründer mit dem Ziel der Vollexistenz auch noch bis zu 2 Jahren nach der Unternehmensgründung ■ gewerbliche oder freiberufliche Unternehmensgründung (keine Landwirtschaft) ■ Unternehmensübernahmen ■ aktive Beteiligungen an Unternehmen	
Verwendung	Investitionen in Verbindung mit der Gründung, Übernahme	
Bedingungen	mindestens 15 % der Investitionssumme als Eigenkapital (10 % in den neuen Bundesländern)	
Vorteile	■ keine Sicherheiten erforderlich ■ lange Zeit tilgungsfrei ■ Zinssubvention	
Konditionen	Höchstbetrag	500.000 EUR
	max. Laufzeit	15 Jahre
	tilgungsfrei	7 Jahre
	Auszahlung	100 %
	Sicherheiten	persönliche Haftung des Antragstellers
	derzeitige Zinssätze	■ von 0 % im 1. Jahr bis 6,9 % ab dem 6. Jahr ■ plus Garantieentgelt von 1%

Programm Startgeld

Ziel	Förderung auch von Existenzgründungen mit geringem Kapitalbedarf und mit Finanzierungsproblemen	
Zielgruppe	■ gewerbliche oder freiberufliche Unternehmensgründung (auch Heilberufe) ■ Unternehmensübernahmen ■ aktive Beteiligungen an Unternehmen	
Verwendung	■ Sachinvestitionen ■ Warenlager ■ Betriebsmittel	
Bedingungen	■ keine Kombination mit anderen KfW-Mittelstandsprodukten ■ Gründer darf nicht bereits selbstständig sein	
Vorteile	■ Finanzierung auch bei geringen Sicherheiten, da 80%ige Haftungsfreistellung gewährt wird ■ Anreiz für Banken zur Finanzierung auch kleiner Existenzgründungen	
Konditionen	Höchstbetrag	50.000 EUR
	max. Laufzeit	10 Jahre
	tilgungsfrei	2 Jahre
	Auszahlung	100 %
	Sicherheiten	■ banküblich ■ 80%ige Haftungsfreistellung
	derzeitige Zinssätze	■ nominal 6,75% – 6,85 % ■ effektiv 6,96% – 7,07 % ■ fest über gesamte Laufzeit

Programm Unternehmerkredit

Ziel	Langfristige Finanzierung von Investitionen	
Zielgruppe	■ gewerbliche oder freiberufliche Existenzgründer ■ Privatunternehmen der gewerblichen Wirtschaft ■ freiberuflich Tätige	
Verwendung	Sachinvestitionen in Deutschland mit langfristiger Finanzierung	
Bedingungen	■ Gruppenumsatz geringer als 500 Mio. EUR pro Jahr ■ nachhaltiger wirtschaftlicher Erfolg muss wahrscheinlich sein	
Vorteile	■ Langfristfinanzierung ■ lange Zinsbindung ■ volle Finanzierung bei Krediten bis zu 1 Mio. EUR ■ vorzeitige Tilgung möglich	
Konditionen	Höchstbetrag	5 Mio. EUR, bei Umsatz unter 50 Mio. EUR auch darüber

	max. Laufzeit	10 Jahre, u. U. bis 20 Jahre
	tilgungsfrei	2 Jahre, u. U. bis 3 Jahre
	Auszahlung	96 %
	Sicherheiten	■ banküblich ■ teilweise Haftungsfreistellung möglich
	derzeitige Zinssätze	■ nominal 4,6 % bis 8,15 % ■ effektiv 5,48 % bis 8,85 % ■ abhängig von Laufzeit und Risiko

ERP-Innovationsprogramm		
Ziel	Förderung von Maßnahmen in Forschung und Entwicklung und die Markteinführung neuer Produkte	
Zielgruppe	Freiberuflich Tätige und Unternehmen, nicht nur Existenzgründer, die ein neues Produkt, eine neue Dienstleistung oder ein neues Verfahren in Deutschland einführen wollen.	
Verwendung	■ Kosten für Forschung und Entwicklung (Personalkosten, Nebenkosten wie Reise- oder Materialkosten, Investitionen, ...) ■ Kosten für die Markteinführung (Marktforschung, Messekosten, Schulung von Mitarbeitern, Kosten für den Vertriebsaufbau, Warenlager, ...)	
Bedingungen	Umsatz unter 125 Mio. EUR pro Jahr bzw. 500 Mio. EUR, wenn die Innovation für Deutschland neu ist	
Vorteile	■ anteilige Haftungsfreistellung der Hausbank ■ Vorabbefriedigungsrecht der Hausbank im Falle eines Scheiterns	
Konditionen	Höchstbetrag	■ 5 Mio EUR für Forschung und Entwicklung ■ 1 Mio. EUR für Markteinführung (alte Bundesländer) ■ 2,5 Mio. EUR für Markteinführung (neue Bundesländer und Berlin)
	max. Laufzeit	10 Jahre
	tilgungsfrei	2 Jahre
	Auszahlung	100 %
	Sicherheiten	banküblich unter Berücksichtigung der besonderen Risikosituation
	derzeitige Zinssätze	■ nominal 2,4 % bis 5,5 % ■ effektiv 2,42 % bis 5,61 % ■ abhängig vom Risiko

Die aktuellen Zinskonditionen und weitere Informationen zu den Förderprogrammen der Bundesrepublik erfahren Sie bei Ihren Banken. Die KfW stellt auf der Internetseite www.kfw-mittelstandsbank.de ebenfalls die aktuellen Konditionen und die detaillierte Beschreibung zur Verfügung. Kleine und mittlere Unternehmen (KMU) erhalten bei verschiedenen Förderprogrammen einen Zinsbonus von 0,25 %-Punkten. Die Mehrzahl der Existenzgründungen wird der Definition der KfW für KMU entsprechen und kann daher mit dieser Vergünstigung rechnen. Definition der KMU bei der KfW:

- Kleinstunternehmen: weniger als 10 Mitarbeiter und Jahresumsatz oder Jahresbilanzsumme höchsten 2 Mio. EUR
- Kleine Unternehmen: weniger als 50 Mitarbeiter und Jahresumsatz oder Jahresbilanzsumme höchsten 10 Mio. EUR
- Mittlere Unternehmen: weniger als 250 Mitarbeiter und Jahresumsatz höchstens 50 Mio. EUR oder Jahresbilanzsumme höchsten 43 Mio. EUR

Die Bundesregierung hat erkannt, dass viele Existenzgründungen durch zu geringes Eigenkapital stark gefährdet sind. Daher wurde im Dezember 2005 beschlossen, die Fördermittel noch stärker in Programmen zu konzentrieren, die das Eigenkapital der jungen Unternehmen stärken. Davon profitieren vor allem die Programme Unternehmerkapital und ERP-Innovationsprogramm.

Ein weiterer Grund für Existenzgründer, bei der Hausbank auf die Prüfung der Förderungsmöglichkeiten zu drängen, ist die Anpassung einiger Förderprogramme an die Kreditvergabemodalitäten nach Basel II. Diese differenzieren das Engagement einer Bank hinsichtlich des individuellen Risikos des Kreditnehmers. Vom Risiko abhängig ist dann die Zinshöhe. Ähnlich geht die KfW-Mittelstandsbank bei der Vergabe der Fördermittel und der Berechnung von Zinsen in den Programmen Unternehmerkredit, ERP-Innovationsprogramm u. a. vor. Die Zinsen für die geförderten Kredite richten sich nicht nur nach der Laufzeit sondern auch nach der „Preisklasse" des Kreditnehmers. Diese wird aufgrund der Einschätzung der Hausbank ermittelt und ergibt sich durch deren internes Rating.

Antragsteller mit guter Bonität und guten Sicherheiten kommen in die kleinste Preisklasse und bezahlen die niedrigsten Zinsen. Antragsteller mit geringer Bonität und nur schlecht zu verwertenden Sicherheiten werden in die höchste der sieben Preisklassen eingeordnet und müssen die höchsten Zinsen zahlen. Was sich zunächst gerade für etwas unsichere Existenzgründungen negativ anhört, ist bei genauerer Betrachtung positiv. Bisher wurden Anträge mit solchen relativ hohen Risiken gar nicht berücksichtigt, wenn Fördermittel vergeben wurden. Durch die differenzierte Betrachtungsweise kommen solvente Gründer in den Genuss niedriger Zinsen und weniger solvente Gründer können trotzdem gefördert werden. Ein Gespräch mit der Bank über Fördermittel lohnt auf jeden Fall.

WEITERE FÖRDERPROGRAMME ACHTUNG

Fragen Sie Ihre Bank oder Ihren Berater auch nach Förderprogrammen, die nicht nur auf Existenzgründer ausgerichtet sind. So wird in vielen Regionen Europas die Schaffung neuer Arbeitsplätze gefördert. Die EU bezuschusst die Nutzung neuer Medien und die Forschung für neue Produkte, Fertigungsmethoden und Anwendungen. In vielen Fällen besteht die Möglichkeit, auch über solche Programme zusätzliche Finanzmittel für Ihre Existenzgründung zu bekommen.

Förderung von der Bundesagentur: Überbrückungsgeld und Einstiegsgeld

Existenzgründungen aus der Arbeitslosigkeit heraus scheitern sehr oft am fehlenden Kapital des Gründers. Auch die Banken sind bei Verhandlungen mit Arbeitslosen ohne Sicherheiten meist sehr zurückhaltend. Daher hat der Gesetzgeber eine Förderung von Existenzgründern, die Leistungen der Agentur für Arbeit beziehen oder davor stehen, diese zu beziehen, geschaffen.

- Das Überbrückungsgeld für Existenzgründer, das bis zu sechs Monate lang gezahlt wird, ist eine Alternative zur Förderung der Ich-AG.
- Seit 01.01.2005 werden die Bezieher von Arbeitslosenhilfe mit den Beziehern von Sozialhilfe zusammengefasst und erhalten dann das Arbeitslosengeld II. Auch für diesen Personenkreis gibt es eine Möglichkeit, Unterstützung bei der Existenzgründung zu erhalten, das Einstiegsgeld.

VOR- UND NACHTEILE DER FÖRDERUNG

+ VORTEIL	– NACHTEIL
Die Förderung ermöglicht es, Kosten bei der Finanzierung zu sparen.	Es ist schwer, den Förderdschungel zu durchschauen und die richtigen Förderprogramme zu finden.
Durch Fördermittel können eigenkapitalähnliche Mittel in die Bilanz übernommen werden. Das erleichtert die weitere Finanzierung durch Banken.	Es muss eine Vielzahl an Formularen ausgefüllt werden.
Fördermittel müssen nur zum Teil durch Sicherheiten abgedeckt werden.	Die Förderung ist an unterschiedliche Parameter geknüpft.
Fördermittel machen das junge Unternehmen unabhängig.	Die Hausbank muss davon überzeugt werden, den Antrag aufzubereiten und weiterzuleiten.

Übersicht über Förderung der Existenzgründung durch die Agentur für Arbeit

	Überbrückungsgeld	Einstiegsgeld
Voraussetzung I	Bezug von Arbeitslosengeld I oder	Bezug von Arbeitslosengeld

	anderen Lohnersatzleistungen	II
Voraussetzung II	positive fachliche Beurteilung der finanziellen dauerhaften Tragfähigkeit (siehe unten)	Fallmanager muss überzeugt werden
Voraussetzung III		Einkünfte im Rahmen des Hinzuverdienstes
Rechtsanspruch	Ja	Nein
Dauer	6 Monate	unbestimmt
Höhe	Höhe des Arbeitslosengeldes + pauschalierte Sozialversicherungs-abgaben	Fallmanager entscheidet
Steuerpflichtig	Nein	Nein
Besonderheit	Absicherung des Lebensunterhalts während der Existenzgründung	Abhängig von der Entscheidung des Fallmanagers, des Bearbeiters in der zuständigen Behörde. Dieser bestimmt Dauer und Höhe der Zahlungen.

SEMINARE UND SCHULUNGSMAßNAHMEN ACHTUNG

Arbeitlose oder von Arbeitslosigkeit bedrohte Personen können an Seminaren und Schulungsmaßnahmen für Existenzgründer teilnehmen, falls sie sich selbstständig machen wollen. Die Kosten dafür trägt die Agentur für Arbeit. Der zuständige Vermittler der Agentur entscheidet aufgrund der individuellen Situation des Arbeitslosen, ob und welche Maßnahmen bewilligt werden. Setzen Sie sich frühzeitig mit diesen Möglichkeiten auseinander. Wenn Sie sich noch nicht sicher sind, argumentieren Sie gegenüber dem Vermittler mit der Notwendigkeit zur zusätzlichen Informationsbeschaffung für Ihre Entscheidung.

Für die Bewilligung des Überbrückungsgeldes ist eine fachliche Beurteilung des Vorhabens notwendig. Dabei soll eine fachlich versierte Stelle feststellen, ob das Gründungsvorhaben langfristig tragfähig ist. Auch im Fall des Einstiegsgeldes muss der zuständige Fallmanager vom Sinn des

Vorhabens überzeugt werden. Dazu kann ein solches Gutachten dienen. Fachlich anerkannte Stellen zur Beurteilung sind unter anderem

- die Industrie- und Handelskammern,
- die Handwerkskammern,
- die Banken,
- die Steuer- und Unternehmensberater,
- weitere berufsbezogene Kammern (Ärztekammer, Architektenkammer usw.).

Um eine fachliche Beurteilung durchführen zu können, müssen bei den prüfenden Stellen verschiedene Unterlagen eingereicht werden. Verlangt wird in der Regel ein Informationspaket, das folgenden Inhalt hat:

- Beschreibung des Gründungsvorhabens,
- tabellarischer Lebenslauf des Gründers,
- Zeugnisse (Schule und Arbeitgeber) als Befähigungsnachweis,
- Umsatz- und Rentabilitätsvorschau,
- Kapitalbedarfs- und Finanzplanung,
- notwendige behördliche Genehmigungen,
- sonstige Unterlagen wie Lieferverträge, Handelsvertreterverträge usw.

Diese Forderungen zeigen, dass auch eine Gründung aus der Arbeitslosigkeit heraus wie jede andere Existenzgründung vorbereitet werden muss. Will der Gründer Leistungen der Agentur für Arbeit beziehen, wird er gezwungen, diese Vorbereitungen durchzuführen. Die mehr als 150.000 Ich-AGs, die in den ersten beiden Jahren der Regelung entstanden sind, scheinen diesen Weg zu bestätigen.

Was Sie beim Gespräch mit Ihrer Bank beachten müssen

Da fast alle Existenzgründungen auf Fremdkapital angewiesen sind, spielt die Bank eine wichtige Rolle auf dem Weg in Ihre Selbstständigkeit. Sie ist die erste Hürde, die Sie als Gründer zu überwinden haben. Leider werden ca. zwei Drittel aller Anfragen nach einer Unterstützung beim Aufbau des eigenen Unternehmens negativ beschieden.

Die richtige Bank

Suchen Sie sich für Ihre Gespräch die richtigen Banken aus. Führen Sie die Gespräche nicht nur mit einer Bank. Konzentrieren Sie sich jedoch möglichst früh auf einen Partner. Die folgende Checkliste, die Sie auch auf Ihrer CD-ROM finden, soll Ihnen dabei helfen.

CD-ROM

FRAGEN ZUR BANKAUSWAHL

CHECK

	ja	nein
Gibt es eine Bank, die Sie bereits kennt, z. B. aus der persönlichen Kontoführung? Diese hätte es leichter, Ihre Person einzuschätzen.	☐	☐
Bevorzugen Sie eine Bank mit starkem regionalen Bezug (Handwerk, Einzelhandel)?	☐	☐
Benötigen Sie eine Bank mit starken ausländischen Verbindungen?	☐	☐
Beurteilen Sie die Beratungskompetenz der Bank als ausreichend?	☐	☐
Sind die Entscheidungswege der Bank schnell und nachvollziehbar?	☐	☐

Nur eine Bank kann Hausbank sein

Um Ihren Kunden das Bezahlen der Rechnungen so einfach wie möglich zu machen, bieten viele Unternehmen mehrere Bankverbindungen an. Das kann sinnvoll sein. Sie müssen sich jedoch für eine Bank als Hausbank entscheiden. Diese sollte das größte Engagement in der Fremdfinanzierung haben und den Kontakt zu den Förderstellen halten. Vereinbaren Sie diese Stellung auch mit Ihrer Bank.

Der richtige Gesprächspartner

Innerhalb der Bank wird Ihnen in der Regel ein Gesprächspartner zugewiesen. Vielleicht haben Sie noch die Chance, zwischen einigen Beratern zu wählen. Achten Sie in diesem Fall darauf, dass Sie die richtige Wahl treffen. Sind sie nicht zufrieden, sollten Sie über einen Bankwechsel nachdenken. Es kostet sehr viel Kraft, sich immer wieder mit einem ungewollten Gegenüber auseinander zu setzen. Die folgende Checkliste, die Sie auch auf Ihrer CD-ROM finden, hilft Ihnen bei Ihrer Einschätzung.

CHECK **DER RICHTIGE GESPRÄCHSPARTNER** CD-ROM

	ja	nein
Der Gesprächspartner der Bank sollte Ihnen zumindest nicht unsympathisch sein.	☐	☐
Ist der zuständige Berater für Sie einfach zu erreichen?	☐	☐
Ist Ihr Gegenüber fachlich kompetent? Kennt er sich mit der Existenzgründung aus?	☐	☐
Ist Ihr Gegenüber engagiert? Interessiert er sich für Sie als Kunden? Versteht er Ihr Vorhaben?	☐	☐
Kann Ihr Bankberater die notwendigen Entscheidungen in eigener Kompetenz treffen oder zumindest die Entscheidungen schnell herbeiführen?	☐	☐

Die richtigen Unterlagen

Die Bank wird sich nur dann bei einer Unternehmensgründung engagieren, wenn sie sicher ist, dass sie ihre Kredite zurückbekommt und die Zinsen gezahlt werden. Ihr ist also nicht an der Verwertung von Sicherheiten gelegen, sondern an einem wirtschaftlich gesunden Kunden, der seinen Verpflichtungen nachkommen kann. Beurteilt werden bei der Kreditentscheidung

- die persönliche Qualifikation des Gründers,
- die Markt- und Wettbewerbsverhältnisse des zukünftigen Unternehmens,
- die finanzielle Situation, das vorhandene Eigenkapital und die benötigte Fremdfinanzierung sowie
- die Art und Weise, mit der der Gründer sein Vorhaben präsentiert und gegenüber Dritten vertritt.

Damit die Prüfung schnell, reibungslos und vor allem mit positivem Ergebnis erfolgt, sollten Sie die folgenden Unterlagen zum Bankgespräch vorbereiten. Diese Checkliste finden Sie selbstverständlich auch auf Ihrer CD-ROM.

CD-ROM **WELCHE UNTERLAGEN SIE ZUM BANKGESPRÄCH BENÖTIGEN** CHECK

	ja	nein
Kurze Beschreibung der Geschäftsidee	☐	☐
Lebenslauf, Qualifikationsnachweise des Gründers bzw. der Gründer	☐	☐
Beschreibung des Marktes, auf dem das Unternehmen tätig sein will (Kunden, Mitbewerber, Produkte, Vertriebswege, ...)	☐	☐

Zahlen und Fakten über den Markt mit Quellenangaben	☐	☐
Positionierung des neuen Unternehmens, Marketingstrategie	☐	☐
Businessplan für die ersten drei Jahre	☐	☐
Berechnung des Finanzbedarfs	☐	☐
Liquiditätsplanung für die ersten zwölf Monate	☐	☐
Finanzierungsplanung (Eigenkapital, Bankenengagement, Fördermittel)	☐	☐
Terminplanung	☐	☐

Professionalität ist gefragt

Gestalten Sie Ihre Unterlagen professionell. Die Beschaffung und Aufbereitung der Informationen hat viel Aufwand gekostet, Ihre Geschäftsidee ist sehr wertvoll. Das muss sich in der Darstellung zeigen. Der Bankberater kennt Sie kaum und muss Sie persönlich beurteilen. Das geschieht zum Teil auch anhand der Qualität Ihrer Präsentation und Ihrer Unterlagen.

Das eigentliche Bankgespräch

Sie sind von Ihrer Geschäftsidee überzeugt und wollen alles für deren Umsetzung tun. Das müssen Sie Ihrem Gesprächspartner beim Bankgespräch sehr sachlich klar machen.

Ablauf des Bankgesprächs

Wenn Sie die bisherigen Tipps und Checklisten befolgen, kann eigentlich nicht mehr viel falsch laufen. Beachten Sie die folgenden Punkte:

- Suchen Sie den richtigen, kompetenten Gesprächspartner der Bank.
- Vereinbaren Sie einen Termin. Legen Sie diesen so, dass weder der Bankberater noch Sie unter Zeitdruck geraten.
- Übermitteln Sie der Bank frühzeitig die notwendigen Unterlagen zur Vorbereitung. Fragen Sie Ihren Gesprächspartner, ob er dies wünscht.
- Falls Sie einen professionellen Berater haben (z. B. Ihren Steuerberater), nehmen Sie ihn mit zum Gespräch. Kündigen Sie ihn an.
- Wenn Sie einen oder mehrere Partner haben, sollten alle am Gespräch teilnehmen.
- Bereiten Sie sich in Ruhe vor. Passen Sie Ihre Kleidung der Situation an.
- Seien Sie pünktlich.
- Zeigen Sie der Bank, dass Sie hundertprozentig hinter Ihrer Idee stehen. Seien Sie sehr sicher, bleiben Sie aber immer sachlich.
- Tragen Sie Ihr Konzept sicher und professionell vor. Überzeugen Sie den Banker von Ihren Qualitäten.
- Stellen Sie fest, wo die Bedenken liegen. Klären Sie auftretende Fragen möglichst sofort. Haben Sie jedoch auch keine Scheu, die Beantwortung komplexer Fragen zu verschieben. Stellen Sie dazu den zusätzlichen Informationsbedarf genau fest.
- Weisen Sie selbst auf mögliche Probleme hin und wie Sie diese in Ihrer Planung berücksichtigt haben.
- Zeigen Sie, dass Sie sich über Finanzierungsmöglichkeiten informiert haben (Förderung, Konditionen, ...).
- Vereinbaren Sie einen Termin für den nächsten Schritt (z. B. die Klärung offener Fragen, die Beschaffung zusätzlicher Informationen) oder für die Entscheidung.
- Halten Sie versprochene Termin ein.

Konzept anpassen

Wenn Sie keine Bank von Ihrem Konzept überzeugen können, sollten Sie sich fragen, woran das liegt. Oder fragen Sie die Banken. Bitte Sie um ein Gespräch, in dem die negative Entscheidung begründet wird. Unter Umständen ist es möglich, Ihr Konzept so zu verändern, dass es sowohl Ihren Vorstellungen entspricht als auch der Bank ausreichend Sicherheiten gibt.

Um fehlende Finanzmittel auszugleichen, kann auch die Verkleinerung des Vorhabens der richtige Weg sein. Sie können dann mit geringerem Umfang der Bank beweisen, dass Ihre Geschäftsidee tragfähig ist. Achten Sie jedoch darauf, dass auch der Erlös des kleineren Geschäfts ausreicht, um Ihre persönlichen Belange zu erfüllen.

Checkliste zur Finanzierung

Die folgende Checkliste soll Ihnen zum Abschluss dieses Kapitels noch einmal die wichtigsten Punkte im Hinblick auf die Finanzierung Ihres Unternehmens vor Augen führen. Selbstverständlich finden Sie auch diese auf Ihrer CD-ROM.

CHECK **FINANZIERUNG GESICHERT?** CD-ROM

	ja	nein
Haben Sie den Finanzbedarf für Ihre Existenzgründung korrekt berechnet?	☐	☐
Haben Sie ausreichende eigene Finanzmittel für die Unternehmensgründung?	☐	☐
Wollen Sie Sacheinlagen tätigen und haben Sie diese vorsichtig bewertet?	☐	☐

Haben Sie eine Finanzierungszusage einer Bank?	☐	☐
Gibt es für Ihre Geschäftsidee Fördermittel vom Staat?	☐	☐
Haben Sie bereits eine Hausbank ausgesucht und ist diese bereit, die Rolle zu übernehmen?	☐	☐

Welche rechtlichen Vorschriften gelten?

Wer sich selbstständig machen will, muss sich mit gesetzlichen Regelungen aus den Bereichen Gewerbeanmeldung, Buchführung und Steuern beschäftigen.

In diesem Kapitel lesen Sie,

- wie Sie ein Gewerbe anmelden und welche Voraussetzungen Sie dazu mitbringen müssen,
- wer verpflichetet ist Buch zu führen und welche Regeln dazu gelten und
- welche Steuern Sie abführen müssen.

Zu Beginn: die Gewerbeanmeldung

In Deutschland ist, wie in anderen Industrienationen auch, die wirtschaftliche Tätigkeit rechtlich geregelt. Durch diesen Dschungel muss der Existenzgründer gehen. Mit etwas Vorbereitung und Systematik ist das auch relativ leicht getan. Es beginnt mit der Gewerbeanmeldung, in deren Folge die meisten anderen Stellen vom Gewerbeamt informiert werden. Die Vorschriften beschäftigen sich weiter mit der Buchhaltungspflicht und den Unternehmenssteuern. Ein wichtiger Punkt ist die Klärung, ob Sie Umsatzsteuern berechnen müssen oder nicht.

Der erste Schritt zur Aufnahme Ihrer geschäftlichen Tätigkeiten ist die Gewerbeanmeldung, die fast jeder Existenzgründer vornehmen muss, wenn er eine erlaubte, auf Gewinnerzielung und auf Dauer gerichtete selbstständige Tätigkeit ausüben will. Ausgenommen davon sind lediglich die freien Berufe (Ärzte, Steuerberater, Rechtsanwälte, Künstler, Schriftsteller, ...). Wollen Sie sich in diesem Bereich selbstständig machen, reicht eine formlose Anmeldung bei Ihrem Finanzamt. Ist eine Zuordnung nicht eindeutig geklärt, entscheidet das Finanzamt nach § 18 Abs. 1 EStG, ob eine gewerbliche Tätigkeit oder ein freier Beruf vorliegt.

Die Anmeldung erfolgt durch den Gründer selbst auf dem Gewerbeamt der Gemeinde, in der das Gewerbe ausgeübt wird. Bei einer offenen Handelsgesellschaft und bei einer Gesellschaft bürgerlichen Rechts müssen alle Gesellschafter eine Gewerbeanmeldung vornehmen. Wird das Unternehmen in Form einer Gesellschaft, die in das Handelsregister eingetragen wird, betrieben (GmbH, AG, KG, ...), so muss diese juristische Person die Anmeldung erledigen. Dazu muss sie selbstverständlich vorher durch notariell beglaubigten Vertrag gegründet und ins Handelsregister eingetragen worden sein.

RECHT KANN TEUER WERDEN BEISPIEL

Das junge Unternehmen von Klara S. hatte sich blendend entwickelt. Zunächst hatte sie nur für Verwandte und Freunde auf ihrer kleinen Nähmaschine Kleidung geändert oder hergestellt. Doch ihre Qualität und ihr Service waren bald so bekannt, dass auch Fremde sich immer wieder meldeten und Kunden wurden. Bereits nach einem Jahr war aus der Gelegenheitsarbeit ein Vollzeitjob geworden. Außerdem hatte Karin S. in eine leistungsfähige Profi-Nähmaschine und in einen Bügelautomaten investiert.

Doch dann kam das böse Erwachen. Das Gewerbeamt ihrer Gemeinde meldete sich und fragte nach der Gewerbeanmeldung. An die hatte Karin S. überhaupt nicht gedacht. Nach einer empfindlichen Geldstrafe (bis zu 1.000 EUR sind möglich) und der nachträglichen Anmeldung des Gewerbes kamen Nachfragen von der Handwerkskammer (Damen- und Herrenschneider ist ein Handwerksberuf), von der Berufsgenossenschaft, vom Arbeitsamt und vom Finanzamt.

Zwar hatte Karin S. die Einnahmen aus ihrer Tätigkeit versteuert, doch die Finanzbeamten fragten nach der Art der Gewinnermittlung, der Buchführung und vor allem nach der Umsatzsteuer. Die Berufsgenossenschaft fragte nach den abzuführenden Gebühren, die Krankenkasse nach den Sozialabgaben und das Arbeitsamt nach der Arbeitslosenversicherung. Klara S. wurde das alles zu viel. Sie verkaufte ihre Nähmaschine und beschränkte sich darauf, sich um die Kleidung ihrer Familie zu kümmern.

Anmeldung rechtzeitig

Die Gewerbeanmeldung muss vor der Aufnahme der Gewerbetätigkeit erfolgen. Das bedeutet nicht, dass Sie bis zum Tag der Geschäftseröffnung warten können. Bereits bei der Anmietung von Räumen, bei der Bestellung von Waren oder bei der Einrichtung des Geschäfts sind Sie gewerblich tätig. Der Gang zum Gewerbeamt muss vorher erfolgen. Eine verspätete Anmeldung kann zu erheblichen Strafen führen.

Das Gewerbeamt der Gemeinde informiert unter anderem die nachfolgenden Stellen über die Aufnahme einer gewerblichen Tätigkeit: Finanzamt,

Gewerbeaufsichtsamt, Arbeitsamt, Landratsamt, Industrie- und Handelskammer, Handwerkskammer, AOK, Berufsgenossenschaft.

Die folgende Checkliste, die Sie auch auf Ihrer CD-ROM finden, sagt Ihnen, was Sie zur Gewerbeanmeldung mitbringen bzw. was Sie alles beachten müssen.

CHECK **GEWERBEANMELDUNG** CD-ROM

	ja	nein
Personalausweis oder Reisepass mitnehmen	☐	☐
Bei Gesellschaften: Handelsregisterauszug nicht vergessen	☐	☐
Bei Vertretung: Vollmacht ausfüllen lassen	☐	☐
Bei Handwerksberufen: Liegt Handwerkskarte der Handwerkskammer vor?	☐	☐
Bei erlaubnispflichtigen Gewerben: Liegen die erforderlichen Nachweise vor?	☐	☐
Ist die Firmierung Ihres Unternehmens (der rechtlich einwandfreie Name) geklärt?	☐	☐
Haben Sie die Art der Tätigkeit so definiert, dass das Gewerbeamt sie akzeptieren kann?	☐	☐

Buchführung – ja oder nein?

Vorweg: Die Buchführung ist nichts Schlechtes ans sich. Sie liefert Ihnen im Gegenteil wichtige Zahlen und Informationen, mit denen Sie Ihr Unternehmen steuern. Für die Buchführung gelten besondere Regeln, die sich aus den Gesetzen (HGB, Steuergesetze) bzw. den Grundsätze der ordnungsgemäßen Buchführung ergeben. Damit wird die Buchführung zu einer Pflicht, die erhebliche Kenntnisse verlangt.

STEUERBERATER ODER BUCHFÜHRUNGSHELFER ACHTUNG

Wenn Sie buchhaltungspflichtig sind, aber nicht über die notwendigen Kenntnisse verfügen, gibt es verschiedene Möglichkeiten, der Pflicht nachzukommen. Sie können z. B. eine Aushilfskraft beschäftigen, solange der Umfang der Buchführungsarbeiten noch nicht für eine Vollzeitkraft ausreicht.

Für Existenzgründer bietet es sich an, die Buchhaltung vom Steuerberater oder vom Buchführungshelfer erledigen zu lassen. Das kostet zwar Geld, Sie sind jedoch sicher, dass die Buchführung den Vorschriften entspricht. Außerdem kann vor allem der Steuerberater bereits beim Verbuchen Ihrer Belege notwendige Änderungen für eine Steueroptimierung erkennen. Lassen Sie sich für diese Leistung jedoch nicht die Gebühren laut Verordnung berechnen. Vereinbaren Sie mit Ihrem Steuerberater einen Pauschalpreis.

Im Handelsgesetzbuch regelt § 238 Abs. 1 die Buchführungspflicht: „Jeder Kaufmann ist verpflichtet, Bücher zu führen und in diesen seine Handelsgeschäfte und die Lage seines Vermögens nach den Grundsätzen ordnungsmäßiger Buchführung ersichtlich zu machen. Die Buchführung muss so beschaffen sein, dass sie einem sachverständigen Dritten innerhalb angemessener Zeit einen Überblick über die Geschäftsvorfälle und über die Lage des Unternehmens vermitteln kann. Die Geschäftsvorfälle müssen sich in ihrer Entstehung und Abwicklung verfolgen lassen."

Wer Kaufmann im Sinne des § 238 Abs. 1 HGB ist, ergibt sich aus anderen rechtlichen Vorschriften:

- Grundsätzlich gilt, dass alle im Handelsregister eingetragenen Gewerbetreibenden der Buchführungspflicht unterliegen, gleichgültig ob der Eintrag gesetzlich vorgeschrieben ist oder freiwillig erfolgte.
- Freiberufler sind grundsätzlich nicht buchführungspflichtig, es sei denn, sie üben ihre Tätigkeit innerhalb einer eingetragenen Gesellschaft aus.
- Kleingewerbetreibende und Landwirte sind nur dann buchführungspflichtig, wenn eines der folgenden drei Kriterien erfüllt ist:
- Der Umsatz liegt über 500.000 EUR pro Jahr.
- Der Gewinn liegt über 50.000 EUR pro Jahr.
- Die selbst bewirtschaftete landwirtschaftliche Fläche hat einen Wert von mehr als 25.000 EUR.

Wenn keine Buchführungspflicht besteht, kann der Gewinn des Unternehmers mit der einfacheren Einnahme-Überschussrechnung ermittelt werden. Dabei werden alle Einnahmen, die im Wirtschaftsjahr dem Steuerpflichtigen zufließen, und alle Ausgaben, die im gleichen Zeitraum abfließen, saldiert. Die Differenz ist der Gewinn. Der Zeitpunkt der Entstehung von Forderungen und Verbindlichkeiten spielt keine Rolle. Eine Ausnahme von diesem Prinzip bilden die langfristig genutzten Wirtschaftsgüter, die wie in der Buchhaltung auch abgeschrieben werden müssen.

ACHTUNG

VORTEILE ERKENNEN UND NUTZEN

Die meisten Gründer werden verpflichtet sein, eine Buchhaltung für ihr Unternehmen einzurichten. Sie sollten nicht nur die Kosten sehen, Sie sollten von vornherein die Informationen aus der Buchhaltung nutzen. Daten für die Liquiditätsplanung erhalten Sie daraus ebenso wie Informationen über Kosten und

Erlöse. Mit wenig Aufwand können Sie eine kleine Kostenrechnung aufbauen und die Kosten für Ihre Produkte detailliert ermitteln.

Wenn Sie die Buchführung durch Ihren Steuerberater erledigen lassen, lassen Sie sich erklären, welche Auswertungen dieser Ihnen liefern kann. Suchen Sie sich die Informationen aus, die Sie richtig einsetzen können, und lassen Sie diese regelmäßig erstellen. Sie erhalten dann schnell ein wirksames Steuerungsinstrument.

Welche Steuern auf Sie zukommen

Jede Person in Deutschland, auch eine juristische, muss Steuern zahlen. Beim Selbstständigen sind diese zum Teil abhängig vom Einkommen, also vom Gewinn des Unternehmens, und zum anderen Teil von der Unternehmensart. Spätestens einige Wochen nach der Unternehmensgründung erhält der Steuerpflichtige einen Fragebogen des Finanzamts. Darin werden die für die Steuern des Unternehmens oder des Unternehmers relevanten Daten abgefragt. Spätestens jetzt kommt bei einigen Existenzgründern die Erkenntnis, dass die falsche Rechtsform zu einer erhöhten Steuerlast führen wird. Doch an dieser Stelle ist es zu spät.

FRÜHE BERATUNG ZAHLT SICH AUS ! ACHTUNG

Schalten Sie schon vor der Gründung Ihres Unternehmens einen Steuerberater ein. Dieser findet mit Ihnen die richtige Rechtsform, wenn es darum geht, die Steuerlast legal zu minimieren. Er berät Sie auch hinsichtlich der Auswirkungen unterschiedlicher Finanzierungsarten und Abschreibungsformen. Außerdem ist der Steuerberater die richtige Person, die sich um die pünktliche Abgabe der verschiedenen Steuererklärungen kümmert. Ein kompetenter Steuerberater ist für eine Existenzgründung unverzichtbar. Daher schalten Sie ihn so früh wie möglich ein.

Die wichtigsten Steuerarten

Als Unternehmer müssen Sie mit den verschiedensten Steuerarten umgehen. Der Überblick an dieser Stelle zeigt Ihnen die wichtigsten auf. Ausgenommen ist die Umsatzsteuer, die wegen ihrer Bedeutung für Ihre Unternehmung im nächsten Kapitel getrennt behandelt wird.

Die Einkommensteuer

Jeder, der in Deutschland ein Einkommen erzielt oder in Deutschland wohnt und im Ausland ein Einkommen erzielt, unterliegt grundsätzlich der Einkommensteuerpflicht. Daher muss auch der Unternehmer, der Gewinne in einer Einzelunternehmung erzielt, diese versteuern. Die Gesellschafter aus Kapitalgesellschaften (GmbH, AG, ...) müssen Gewinne erst dann versteuern, wenn sie ausgeschüttet werden.

Der Einkommensteuersatz ist abhängig von der persönlichen Situation des Steuerpflichtigen (verheiratet, Kinder) und seiner übrigen Einkommen. Das Einkommen wird mit der Steuererklärung nach Ablauf des Kalenderjahres dem Finanzamt mitgeteilt, das daraufhin die Steuer nach den Vorschriften festsetzt. Vierteljährliche Vorauszahlungen aufgrund von Schätzungen der Finanzbehörden sind üblich.

BEISPIEL

VORAUSZAHLUNGEN MIT ÜBERRASCHUNGSEFFEKT

Klaus K. hatte bei der Gründung seines Unternehmens, in dem er PC-Zubehör aus Asien importierte und an Elektronikshops verkaufte, mit einem guten Gewinn von 200.000 EUR bereits im ersten Jahr gerechnet. Um die Steuervorauszahlungen so gering wie möglich zu halten, hatte er dies seiner Steuerberaterin verschwiegen, die von einem Null-Ergebnis ausgegangen war. Entsprechend waren keine Vorauszahlungen für die Einkommensteuer festgesetzt worden.

Der Start war besser als geplant. Aufgrund eines lukrativen Auftrags mit einem Versandunternehmen belief sich der Gewinn bereits im ersten Jahr auf 300.000 EUR. Dieser zusätzliche Auftrag war für das kommende Jahr nicht zu erwarten, vielmehr wies die Planung nur einen Gewinn von 75.000 EUR aus. Doch dazu kam es nicht, weil Klaus K. wichtige Einkäufe wegen erheblicher Liquiditätsprobleme nicht tätigen konnte. Wie konnte das geschehen?

Das Finanzamt besteuerte den Gewinn des abgelaufenen Jahres mit mehr als 100.000 EUR und setzte Vorauszahlungen in gleicher Höhe für das laufende Jahr fest. Der Beteuerung, die Planung ließe nur einen Gewinn von 75.000 EUR erwarten, glaubte man ihm mit Hinweis auf die falsche Planung im Vorjahr nicht. Damit war Mitte des Jahres ein Betrag fällig, der mit 170.000 EUR die Nachzahlung für das vergangene Jahr und die Vorauszahlung für die ersten sechs Monate des laufenden Jahres enthielt. Klaus K. hatte dieses Geld nicht, da er die Gewinne bereits in den Lagerbestand investiert hatte, den er jetzt unter Preis verkaufen musste. Das war fast das Ende der Existenzgründung.

Steuerzahlungen müssen in die Finanzplanung realistisch aufgenommen werden. Vorauszahlungen sorgen für eine handlichere Verteilung der Steuerlast über die Zeit. Beim Finanzamt muss sich Vertrauen in die Planung des Steuerpflichtigen aufbauen. Wer dies beherzigt, erlebt auch bei den Steuerzahlungen keine Überraschung.

Die Körperschaftsteuer

Die Körperschaftsteuer ist die Einkommensteuer der Kapitalgesellschaften. Sie beträgt zur Zeit 25 Prozent der festgestellten Gewinne, die bei Ausschüttung auf die Einkommensteuer der Gesellschafter angerechnet wird. Damit ist die Steuerlast für beide Unternehmensformen zuletzt gleich. Eine Kapitalgesellschaft bietet jedoch die Möglichkeit, zunächst Steuern zu sparen, da der persönliche Steuersatz des Unternehmers in der Regel über 25 Prozent liegt. Auch die Körperschaftsteuer wird mit einer jährlichen Steuererklärung dem Finanzamt mitgeteilt. Es sind ebenfalls vierteljährliche Vorauszahlungen üblich.

Die Gewerbesteuer

Gleichgültig ob Industrie, Handel, Handwerk oder Dienstleistung, jeder Gewerbetreibende unterliegt der Gewerbesteuer. Ausgenommen sind somit nur die selbstständigen Freiberufler und die Landwirte. Es gibt eine Gewerbesteuerfreigrenze in Höhe von 24.500 EUR. Liegt der Gewinn des Unternehmens darunter, fällt keine Steuer an.

Die Gewerbesteuer ist eine Steuer der Gemeinden, die mit ihren Hebesätzen auch die Höhe bestimmen. Der nach den Vorschriften ermittelte Gewinn bildet die Grundlage der Steuer. Der Hebesatz der Gemeinde vervielfacht den Betrag. Ein Hebesatz von 400 bedeutet eine Vervierfachung der Steuerschuld. Da die Gemeinden unterschiedliche Hebesätze haben, führt die Gewerbesteuer zu Standortvor- und -nachteilen.

Auch die Rechtsform spielt eine gewisse Rolle. In Kapitalgesellschaften mindern die Geschäftsführergehälter für die Existenzgründer und Aufwendungen für eine Altersversorgung den Gewinn. Das ist in Personengesellschaften nicht möglich. Wie bereits bekannt, kommt es zu einer jährlichen Steuererklärung mit einer vierteljährlichen Vorauszahlung.

Die Lohnsteuer

Wenn Sie als Unternehmer Mitarbeiter beschäftigen, müssen Sie von deren Einkommen die Lohn- und gegebenenfalls die Kirchensteuer einbehalten. Da diese Steuern im Bruttogehalt enthalten sind, belasten sie das Unternehmen nicht. Der Unternehmer ist als Steuerschuldner jedoch verantwortlich für die korrekte Berechnung und die pünktliche Überweisung ans Finanzamt. Die Steuer wird mit der monatlichen Lohn- und Gehaltsabrechnung für die Mitarbeiter ermittelt und ist in der Regel zum 10. des Monats fällig. Für kleine Unternehmen mit geringen Lohnsteuerbeträgen gelten längere Fristen (z. B. Zahlung vierteljährlich oder jährlich). Über die aktuellen Werte informiert Sie Ihr Finanzamt.

Ein durchlaufender Posten: die Umsatzsteuer

Fast jeder Verkauf von Waren und Dienstleistungen in Deutschland (und anderen europäischen Ländern) unterliegt der Mehrwertsteuer. Sie wird mit 16 % (Ausnahmen mit 7 %: Lebensmittel, Bücher, ...) vom Kaufpreis berechnet und muss vom Kunden beim Kauf an den Verkäufer gezahlt werden. Dieser stellt die Mehrwertsteuer ausdrücklich in Rechnung. Da die Mehrwertsteuerbeträge an das Finanzamt abgeführt werden, hat das Unternehmen keinen Vorteil, es handelt sich um einen durchlaufenden Posten.

Für die Waren und Dienstleistungen, die das Unternehmen einkauft, muss ebenfalls Mehrwertsteuer an die Lieferanten gezahlt werden, die diese wiederum an das Finanzamt abführen. Die vom Unternehmen gezahlte Steuer kann von der abzuführenden Steuer als Vorsteuer abgezogen werden. Dadurch wird erreicht, dass die Mehrwertsteuer für Vorleistungen das Produkt nicht belastet und wirklich nur der im Unternehmen geschaffene Mehrwert besteuert wird. Letztlich zahlt nur der private Kunde, der keine Waren und Dienstleistungen verkauft, die Mehrwertsteuer.

BEISPIEL

GESCHENKE MIT STEUERN

Karin S. hat mit ihrem Geschenkeladen in diesem Monat einen Bruttoumsatz von 44.080 EUR erzielt. Darin sind 16 % Mehrwertsteuer enthalten. Das ergibt die folgende Rechnung:

Bruttoumsatz	44.080 EUR
Mehrwertsteuer	6.080 EUR
Nettoumsatz	38.000 EUR

Im gleichen Monat hat Karin S. Ware eingekauft, Miete gezahlt und sonstige Ausgaben gehabt, für die Sie Mehrwertsteuer gezahlt hat:

Wareneinkauf (brutto)	18.792 EUR
Miete (brutto)	1.740 EUR
Telefon (brutto)	116 EUR
Summe Kosten (brutto)	20.648 EUR
Vorsteuer	2.848 EUR
Summe Kosten (netto)	17.800 EUR

Die zu zahlende Mehrwertsteuer berechnet sich folgendermaßen:

eingenommene Mehrwertsteuer	6.080 EUR
gezahlte Vorsteuer	2.848 EUR
Umsatzsteuerzahllast	3.232 EUR

Dieser Betrag ist an das Finanzamt zu überweisen.

Von der Umsatzsteuerpflicht befreit sind Unternehmen, deren Umsatz im Vorjahr nicht über 17.500 EUR und deren Umsatz im laufenden Jahr nicht über 50.000 EUR liegen wird. Gerade in der Gründungsphase fallen viele Einkäufe an, mit denen auch Mehrwertsteuer gezahlt wird. Diese kann das Unternehmen unterhalb der genannten Grenzen nicht nutzen. Der Kleinunternehmer hat jedoch das Recht, für die Umsatzsteuerpflicht zu optieren. Nur dann kann er auch Vorsteuer geltend machen und seinen Kunden Mehrwertsteuer berechnen. Die Option gilt für mindestens fünf Jahre.

Die Umsatzsteuerzahllast ist bis zum 10. des Folgemonats an das Finanzamt zu überweisen. Individuelle Vereinbarungen können diese Frist verlängern. Bei regelmäßigen kleineren Beträgen sind Zahlungen alle drei Monate ausreichend. Werden in einem Monat größere Einkäufe getätigt oder hohe Kosten fällig, kann die Umsatzsteuerzahllast auch negativ werden. Eine Erstattung ist jedoch nur dann sinnvoll, wenn auch für die nächsten Monate keine Verrechnung möglich sein wird.

Obwohl die Mehrwertsteuer als durchlaufender Posten keine Kosten verursacht, hat sie für ein Unternehmen mehrere Nachteile:

- Die Mehrwertsteuer erhöht den Preis prozentual und sorgt daher für eine Vergrößerung der Differenzen zwischen den Anbietern. Geringe Nettopreise werden geringer besteuert, hohe Nettopreise höher. Absolut steigt der Abstand zwischen den Preisen.
- Die Abrechnung der Mehrwertsteuer verursacht einen Verwaltungsaufwand, der gerade bei jungen Unternehmen sehr hoch sein kann.
- Die Umsatzsteuer muss kurz nach dem Monat gezahlt werden, in dem die dazugehörige Leistung erbracht wurde (von speziellen Ausnahmen der Berechnung nach Entgeltvereinnahmung abgesehen). Das kann dazu führen, dass das Unternehmen die Steuer vorfinanzieren muss, wenn die Kunden z. B. die Zahlungsziele ausnutzen.

Bei der Berechnung der Mehrwertsteuer müssen Sie folgende Punkte beachten:

- Die Steuer ist auf jeder Rechnung mit einem Wert von mehr als 110 EUR getrennt auszuweisen.
- Grundlage der Berechnung ist der Nettowarenwert abzüglich aller Rabatte sowie Nebenkosten wie Fracht und Verpackung, soweit sie berechnet werden.
- Nachträgliche Rechnungskürzungen (Skonto, Nachlass, ...) verringern auch die abzuführende Mehrwertsteuer.
- Die Vorsteuer kann nur dann in Anspruch genommen werden, wenn ordnungsgemäße Belege vorliegen.
- Werden die Waren ins Ausland versandt, wird keine Umsatzsteuer berechnet. Der Ausländer, der die Waren in Deutschland kauft, muss die übliche Mehrwertsteuer zahlen, kann sich diese jedoch erstatten lassen.

AUSLÄNDER PRÜFEN ACHTUNG

Als Unternehmer sind Sie für die korrekte Behandlung der Umsatzsteuer in Ihrem Unternehmen verantwortlich. Dazu gehört auch die Prüfung, ob die Waren wirklich ins Ausland gehen. Das ist in der Regel kein Problem. Die Versandadresse liegt im Ausland, der Empfänger muss u. U. bei der Einfuhr die lokalen Steuern zahlen.

Anders liegt das bei Empfängern im EU-Ausland. Diese erhalten die Waren zugestellt und müssen keine Einfuhrumsatzsteuer zahlen. In regelmäßigen Abständen müssen Sie jedoch die Empfänger Ihrer Waren und Leistungen in der EU melden. Damit diese identifiziert werden können, wird bei der Meldung eine Umsatzsteueridentnummer angegeben, die Ihnen Ihr Kunde nennen muss. Wenn diese nicht korrekt ist, müssen Sie u. U. die Mehrwertsteuer nachzahlen. Daher lassen Sie die Umsatzsteueridentnummer Ihrer Kunden prüfen, bevor Sie diese beliefern. Dazu sollten Sie Ihr Finanzamt befragen.

Für Einkäufe im EU-Ausland benötigen Sie eine Umsatzsteueridentnummer, die Ihnen Ihr zuständiges Finanzamt erteilt. Sie sollten diese auf allen Belegen (Briefbogen, Rechnung, Lieferschein, Bestellung, ...) angeben. Kaufen Sie Waren aus dem Ausland, das nicht zur EU gehört, müssen Sie neben eventuellen Zöllen die Einfuhrumsatzsteuer in Höhe der gesetzlichen Mehrwertsteuer bezahlen. Da Sie diese wieder als Vorsteuer abziehen können, erweist sich auch die Einfuhrumsatzsteuer als kostenneutral.

Checkliste zur Rechtssicherheit

Abschließend auch in diesem Kapitel wieder eine Checkliste, die Ihnen die wichtigsten Aspekte noch einmal vor Augen führt, von der Gewerbeanmeldung bis zu den Steuern. Selbstverständlich finden Sie auch diese Checkliste wieder auf Ihrer CD-ROM.

CHECK **WORAUF SIE ACHTEN MÜSSEN** CD-ROM

	ja	nein
Haben Sie bereits einen Steuerberater in Ihre Überlegungen einbezogen?	☐	☐
Haben Sie Ihr Unternehmen angemeldet? (Gewerbeanmeldung, soweit notwendig)?	☐	☐
Haben Sie sich für eine Gewinnermittlungsform entschieden?	☐	☐
Sind Sie buchhaltungspflichtig?	☐	☐
Haben Sie alle Steuern in Ihre Planung einbezogen?	☐	☐
Wie viel Mehrwertsteuer müssen Sie in Ihrer Kalkulation berücksichtigen?	☐	☐

Wie stelle ich Mitarbeiter ein?

Wenn das Unternehmen wächst, muss Arbeit geteilt werden. Erfolgreich ist, wer dafür die passenden Mitarbeiter findet und die Möglichkeiten der Gestaltung von Arbeitsverhältnissen richtig nutzt.

In diesem Kapitel lesen Sie,

- welche Möglichkeiten Sie haben, das Arbeitsverhältnis dem Bedarf Ihres Unternehmens anzupassen,
- was Sie für Lohn und Gehalt an Kosten berechnen müssen,
- wo Sie die passenden Mitarbeiter finden und wie Sie diese motivieren und
- welche arbeitsrechtlichen Vorschriften Sie auf jeden Fall beachten müssen.

Welches Arbeitsverhältnis Sie wählen sollten

Vielleicht haben auch Sie bei Ihrer Existenzgründung von vornherein eine personelle Hilfe eingeplant. Spätestens jedoch, wenn sich das Unternehmen gut entwickelt oder das Geschäft von den Kunden angenommen wird, müssen Sie über die Beschäftigung von Personal nachdenken. Das jedoch ist in Deutschland eine der am detailliertesten geregelten unternehmerischen Tätigkeiten. Neben tarifvertraglichen Regelungen und gesetzlichen Vorschriften zur Beschäftigung, Entlohnung und vor allem Entlassung von Mitarbeitern gibt es exakt zu befolgende Richtlinien für die Abrechnung der Bezahlung. Das Finanzamt wird beteiligt, ebenso die Krankenkassen. Und immer ist der Arbeitgeber derjenige, der für die Erbringung der Leistung verantwortlich ist. Darum ist eine intensive Beschäftigung mit dem Thema für den Existenzgründer unbedingt notwendig.

In einer typischen Existenzgründung wächst der Arbeitsanfall langsam mit dem Erfolg des Unternehmens. Zunächst kommt es zu kleineren Arbeitsspitzen, die von Mitarbeitern abgedeckt werden müssen, später zu größeren. Oft finden sich in der Praxis zunächst die Aushilfskräfte, dann Teilzeit- und danach Vollzeitbeschäftigungen. Für jedes Arbeitsverhältnis gelten besondere Regeln, die vom Arbeitgeber zu beachten sind. Das gilt besonders auch für Ausbildungsverhältnisse.

BEISPIEL

AUSHILFE, TEILZEIT, VOLLZEIT

Der Hausmeisterdienst von Carsten W. war ein voller Erfolg. Die Idee wurde von vielen privaten Haushalten und Unternehmen aufgegriffen, die vor allem die Flexibilität schätzen. Für leichte Gartenarbeit hatte er bereits nach wenigen Wochen einen Bekannten als Aushilfe eingestellt. Sein Steuerberater erfuhr mehr durch Zufall davon, als diese Hilfe dessen Rasen mähte. Und er machte Carsten W. die Hölle heiß. Denn dieser hatte weder daran gedacht, das Aushilfsarbeitsverhältnis bei der zuständigen Krankenkasse anzumelden, noch die notwendigen Aufschreibungen zu machen oder die gesetzlichen Grenzen einzuhalten.

Die möglichen Grenzen waren für die erste Aushilfe schnell überschritten, so dass weitere eingestellt wurden. Doch an manchen Tagen war Carsten W. mehr mit der Einteilung seiner Mitarbeiter beschäftigt als mit der Erledigung seiner eigentlichen Aufgaben. Da jetzt auch die Sommersaison vor der Tür stand, wollte er den Versuch wagen, einen Teilzeitmitarbeiter einzustellen. Um nicht wieder Fehler zu machen, informierte sich Carsten W. rechtzeitig darüber, wie Teilzeitkräfte behandelt werden, wie ein befristeter Vertrag rechtlich sicher aussehen muss und wie es sich mit Urlaub und Krankheit verhält.

Die sorgfältige Vorbereitung brachte ihm sogar Lohnzuschüsse vom Arbeitsamt, als er die Teilzeitstelle in eine Vollzeitstelle umwandelte. Die richtige Auswahl bescherte ihm einen Mitarbeiter, der selbstständig und zuverlässig seine Arbeit macht und den Chef stark entlastet. Nun kann Carsten W. wieder mehr Zeit in die Kundenwerbung stecken und sich um schwierige Fälle kümmern. Dies ist für alle ein Gewinn.

Mini-Jobs

Ein zunächst als einfache Alternative erscheinendes Beschäftigungsverhältnis ist das Aushilfsarbeitsverhältnis. Unter der Bezeichnung „Mini-Job“ soll es dem Arbeitnehmer eine Entlastung von Abgaben und Ihnen als Arbeitgeber eine Entlastung von komplexen Abrechnungen bringen.

Aushilfen prüfen

Die an die Mitarbeiter im Rahmen eines Mini-Jobs gezahlten Löhne können Sie als Arbeitgeber ohne Abzüge zahlen. Sie müssen jedoch pauschale Lohnsteuern zahlen und pauschalierte Sozialabgaben entrichten. Außerdem entsteht auch durch eine Tätigkeit als Aushilfe ein reguläres Arbeitsverhältnis, in dem Urlaubsgeld und Jahressonderzahlung geleistet, Urlaub gewährt und Kündigungsfristen eingehalten werden müssen. Das ist in der Praxis meist nicht bekannt und wird so auch oft nicht gehandhabt. Dennoch entstehen die genannten Ansprüche.

Unter diesen Gesichtspunkten kann es durchaus sinnvoll sein, ein festes Teilzeitarbeitsverhältnis zu begründen. Dies sollte jeder Existenzgründer prüfen, die Beratung durch den Steuerberater ist sinnvoll.

- Die Grenze für einen Mini-Job liegt bei 400,00 EUR pro Monat. In einer Übergangszone zwischen 401,00 EUR und 800,00 EUR pro Monat wird die Belastung des Arbeitnehmers mit Steuern und Sozialabgaben an die normalen Sätze angepasst.
- Bei der Berechnung der Grenzen müssen Urlaubsgeld und andere Sonderzahlungen anteilig berücksichtigt werden. Außerdem wird der tarifliche Lohn zugrunde gelegt – auch wenn weniger gezahlt wird. Dadurch kann die Grenze im Einzelfall überschritten sein.
- Den Mini-Job müssen Sie bei der Knappschaft, die eine Mini-Job-Zentrale betreibt, anmelden. (Minijob-Zentrale, 45115 Essen). Informationen erhalten Sie auch unter www.minijob-zentrale.de.
- Solange der Mini-Jobber nicht mehr als 400,00 EUR im Monat verdient, sei es in einem oder in mehreren Aushilfsarbeitsverhältnissen gemeinsam, muss er keine Abgaben zahlen. In diesen Fällen zahlen Sie als Arbeitgeber pauschalierte Sozialabgaben und Steuern.
- Als Arbeitgeber zahlen Sie zwei Prozent für pauschale Lohnsteuern, zwölf Prozent für die gesetzliche Rentenversicherung und elf Prozent für die gesetzliche Krankenversicherung. Zusätzlich werden 0,1 Prozent fällig für die Umlage 1, die Ihnen einen teilweisen Ausgleich im Falle der Lohnfortzahlung im Krankheitsfall für die Aushilfe garantiert. Es ist geplant, ab dem 01.07.2006 die Pauschalen von jetzt 25,1 % auf dann 30,1 % (2 % Steuern, 15 % Rentenversicherung, 13 % Krankenversicherung, 0,1 % Umlage 1) zu erhöhen.
- In der Übergangszone zwischen 401,00 EUR und 800,00 EUR pro Monat müssen Sie als Arbeitgeber die üblichen Sozialabgaben zahlen. Der Arbeitnehmer trägt eine progressiv ansteigende Abgabenlast.
- Die Aushilfskraft hat Anspruch auf Urlaub, Urlaubsgeld, Feiertagsvergütung, Lohnfortzahlung und Kündigungsschutz.

Liegen die Voraussetzungen für die Befreiung von der Sozialversicherung und den Steuerzahlungen nicht vor, z. B. bei mehreren Mini-Jobs des Arbeitnehmers mit zusammen mehr als 400,00 EUR pro Monat, haftet der Arbeitgeber für die Beiträge und Steuern. Um sich zumindest einen Erstattungsanspruch durch den Arbeitnehmer aufzubauen, sollten entsprechende Erklärungen im Arbeitsvertrag enthalten sein. Dazu können Sie das Beispiel auf der CD verwenden.

Teilzeit- und Vollzeitarbeitsverhältnisse

Die Alternative zu einem oder mehreren Aushilfsarbeitskräften mit geringfügiger Entlohnung ist ein Teilzeit- oder ein Vollzeitarbeitsverhältnis. Dies bringt Ihnen den Vorteil, dass Sie sich nicht mehr mit mehreren Arbeitnehmern beschäftigen müssen. Sie sparen Einarbeitung- und Betreuungskosten und die Qualität der Arbeit ist meist besser, da mehr Erfahrung gesammelt werden kann.

ARBEITSANFALL PRÜFEN ACHTUNG

Wenn Sei ausreichend Arbeit für mehrere Aushilfskräfte haben, sollten Sie prüfen, ob Sie diese nicht zu einer Teilzeit- oder sogar zu einer Vollzeitstelle zusammenfassen können. Der Bruttolohn liegt in der Regel zwar über demjenigen für Aushilfen, alle anderen Vorteile einer festen Anstellung (Lohnfortzahlung, Urlaub, Jahressonderzahlung, ...) hat jedoch auch eine Aushilfe.

Wenn Sie sich nur mit einem Arbeitnehmer befassen müssen statt mit mehreren Aushilfen, sparen Sie außerdem erheblichen Aufwand für die Abrechnungen, Bescheinigungen und Kosten für den Steuerberater, der seine Leistung für die Abrechnungen pro Mitarbeiter an Sie berechnet.

Wichtige Regeln für die Beschäftigung von Mitarbeitern

Bei der Beschäftigung von Mitarbeitern müssen Sie viele Regeln beachten. Unter anderem sind das folgende Empfehlungen:

- Schließen Sie den Arbeitsvertrag auf jeden Fall schriftlich. Nur so können Sie eventuelle Absprachen beweisen (z. B. Probezeit). Ansonsten gilt ein Arbeitsvertrag, der sich nach den rechtlichen und tariflichen Gegebenheiten richtet, auch wenn diese nicht vereinbart waren.
- Beachten Sie, dass Sie in der Regel keine schlechteren als die tariflichen und gesetzlichen Bedingungen mit dem Arbeitnehmer vereinbaren können. Schreiben Sie jedoch den Inhalt der Tätigkeit fest.
- Achten Sie bei Ausländern auf eine Aufenthalts- und Arbeitserlaubnis. Lassen Sie sich nicht vertrösten.
- Seien Sie sich bewusst, dass mit dem ersten Tag der Beschäftigung ein Arbeitsverhältnis begründet wird. Praktika müssen Sie ausdrücklich schriftlich vereinbaren.

Befristete Arbeitsverhältnisse

Wenn Sie eine Person anstellen, gleichgültig, ob Sie dies in Teilzeit oder Vollzeit tun, binden Sie sich und Ihr Unternehmen. Sie können eine Probezeit vereinbaren (maximal 6 Monate, bei 14-tägiger Kündigungsfrist), in der Sie den Mitarbeiter kennen lernen und bei Problemen ohne Kündigungsgrund entlassen können. Bei jungen Unternehmen ist es jedoch oft nicht absehbar, wie lange der Bedarf besteht. Wird die Planung erreicht? Entwickelt sich die Beschäftigung weiter positiv?

In solchen Fällen bietet es sich an, ein befristetes Arbeitsverhältnis abzuschließen. Für das befristete Verhältnis gelten die gleichen rechtlichen und tariflichen Regelungen wie für unbefristete, mit einer Ausnahme: die Kündigung. Die Befristung ersetzt die Kündigung am Ende des Arbeitsverhältnisses. Dieses endet ohne weitere Aktivitäten des Arbeitgebers am vereinbarten Termin. Damit muss auch keine Kündigung begründet werden.

Diese für junge Unternehmen optimale Möglichkeit, die Beschäftigung von Mitarbeitern mit der Ungewissheit einer Existenzgründung in Einklang zu bringen, kann nur unter Beachtung bestimmter gesetzlicher Bestimmungen genutzt werden:

- Das befristete Arbeitsverhältnis muss schriftlich abgeschlossen werden. Geschieht dies nicht, ist das Arbeitsverhältnis automatisch unbefristet.
- Die Befristung muss im Vertrag sachlich begründet werden. Es ist ausreichend, als Begründung eine nicht planbare Zukunft über die Befristung hinaus anzuführen. Andere Begründungen sind Vertretungen (Mutterschaft, Wehrdienst, ...) oder plötzliche Auftragsspitzen.
- Ohne sachliche Begründung kann ein Arbeitsverhältnis auf maximal vier Jahre befristet werden. Voraussetzung ist jedoch, dass das beschäftigende Unternehmen eine Existenzgründung und noch nicht älter als vier Jahr ist. Der Koalitionsvertrag sieht vor, die bisher mögliche sachgrundslose Befristung von maximal zwei Jahren für bestehende Unternehmen aufzuheben. Ob und wann dies in ein Gesetz mündet, ist zur Zeit noch unbekannt.
- Die Notwendigkeit zur sachlichen Begründung oder zur Beschränkung auf zwei Jahre besteht nicht, wenn der Arbeitnehmer älter als 58 Jahre ist.
- Befristete Verträge können problemlos in unbefristete Verträge umgewandelt werden.
- Während des befristeten Arbeitsverhältnisses gelten für beide Seiten alle sonstigen Rechte und Pflichten. Nur eine normale Kündigung des befristeten Verhältnisses vor dessen Ablauf verlangt, dass diese Möglichkeit im schriftlichen Arbeitsvertrag ausdrücklich vorgesehen ist.

Ausbildungsverhältnisse

Viele Menschen halten Auszubildende für preiswerte Arbeitskräfte. Das gilt jedoch nur sehr eingeschränkt. Zunächst verlangt ein Auszubildender eine intensive Betreuung durch seinen Ausbilder. Diese Form des Arbeitsverhältnisses bestimmt, dass der junge Mensch die zur Ausübung des Berufs notwendigen Fähigkeiten erst noch erlernen muss. Daher eignet sich ein Auszubildender für Sie nur dann als Arbeitskraft, wenn Sie bereits über mehrere Arbeitnehmer verfügen, die eine ausreichende Unterrichtung sicherstellen können. Außerdem wird das Ausbildungsverhältnis von vielen rechtlichen Bestimmungen geformt:

- Ausbilden darf nur, wer dazu die Befähigung nachgewiesen hat (Ausbildereignungsprüfung oder Meisterausbildung).
- Die Ausbildung wird nur erlaubt, wenn der Ausbildungsbetrieb über alle notwendigen Einrichtungen verfügt, die zur Vermittlung aller Fähigkeiten im Beruf führen. Teile der Ausbildung können auch überbetrieblich erfolgen.
- Nach der Probezeit ist das Ausbildungsverhältnis für den Arbeitgeber fast unkündbar. Nur schwere Verstöße des Auszubildenden gegen seine Pflichten können zur Beendigung des Vertrags führen.
- Der Ausbilder oder Meister ist für die Leistung des Auszubildenden verantwortlich. Er muss sich intensiv kümmern, wenn die Leistung nicht ausreichend ist.

Auch eine Wirtschaftlichkeitsrechnung für den Ausbildungsplatz muss nicht immer zu positiven Ergebnissen führen. Neben dem Berufsschulbesuch (durchschnittlich 1,5 Tage pro Schulwoche) kommen noch Freistellungen für die Zwischen- und Abschlussprüfung und andere schulische Veranstaltungen hinzu. Wird noch berücksichtigt, dass eine intensive Unterweisung sowie eine Kontrolle der Leistungen (Berichtsheft, Schulzeugnisse) erfolgen muss, kann von einer preiswerten Arbeitskraft zumindest in den ersten Jahren einer ernst gemeinten Ausbildung nicht gesprochen werden.

Erst in den letzten Monaten der Ausbildungszeit kann der Auszubildende eine wichtige Rolle als Arbeitskraft spielen. Neben der Freude, einen jungen Menschen reifen zu sehen, bietet eine Ausbildung noch einen weiteren Vorteil für das Unternehmen. Nach der Ausbildung kann ein Mitarbeiter entstanden sein, der sich gut im Unternehmen auskennt und eine starke emotionale Bindung zum Betrieb hat. Wenn dann Bedarf besteht, kann eine Übernahme des Auszubildenden eine gute Lösung sein.

CD-ROM

SO FINDEN SIE DEN RICHTIGEN AUSZUBILDENDEN CHECK

- ☐ Stellen Sie fest, welche Berufe Sie in Ihrem neuen Unternehmen ausbilden können.
- ☐ Bieten Sie diese Ausbildungsplätze dem Arbeitsamt an und werben Sie auch auf anderem Wege um Auszubildende.
- ☐ Suchen Sie sich den Auszubildenden sorgfältig aus.
- ☐ Führen Sie ein Praktikum mit dem ausgewählten Bewerber durch.
- ☐ Entscheiden Sie endgültig nach dem Praktikum.
- ☐ Beobachten Sie den Auszubildenden in der Probezeit sehr genau.
- ☐ Beenden Sie das Ausbildungsverhältnis während der Probezeit, wenn Ihnen Zweifel kommen.

Lohn, Gehalt und was sonst noch?

Der „zweite Lohn“ ist ein Ausdruck nicht für das Entgelt eines Nebenverdienstes, sondern für die Steuern und Abgaben, die das normale Entgelt für die Arbeitsleistung begleiten. Der Begriff steht für die Steuern und Sozialabgaben, aber auch für weitere Kosten, die ein Arbeitnehmer dem Unternehmer verursacht. In der Planung der Lohnkosten müssen diese Beträge als Lohnnebenkosten berücksichtigt werden.

Nicht zu vernachlässigen sind die Aufwendungen, die für die Verwaltung der Mitarbeiter entstehen. Etablierte Unternehmen ab einer bestimmten Größe verfügen über eine eigene Personalabteilung, für kleinere Betriebe, Geschäfte und Handwerker bietet es sich an, die Dienstleistung eines Steuerberaters zu nutzen. Die Kosten sind dann kalkulierbar, das Ergebnis rechtssicher, da der Berater für Fehler haftet. Auch die Personalabrechnung durch eine Aushilfskraft ist üblich.

Die folgenden Kosten müssen Sie bei der Planung von Lohnkosten berücksichtigen:

- Bruttoentgelt (Stundenlohn, Monatsgehalt);
- pauschale Lohnsteuer im Fall von geringfügig Beschäftigten (ca. 22 %);
- Arbeitgeberanteil an den Sozialbeiträgen (Krankenkasse, Pflegeversicherung, Rentenversicherung, Arbeitslosenversicherung, ca. 25 %), bei geringfügiger Beschäftigung pauschal 22 %; ab 01.07.2006 ist eine Erhöhung auf 30 % geplant.
- Umlage für die Erstattung der Lohnfortzahlung bei Unternehmen mit weniger als 20 Angestellten (ca. 1 % der Gesamtlohnsumme), die Erstattung beträgt ca. 70 bis 80 % der Lohnfortzahlung;
- bezahlter Urlaub (mindestens 24 Tage pro Jahr, tariflich meist mehr);
- Urlaubsgeld, Jahressonderzahlung, abhängig von Tarifgebiet;
- Anteil für vermögenswirksame Leistungen, abhängig von Tarifgebiet;

- Lohnfortzahlung im Krankheitsfall (Ausnahme: Ausgleich durch Krankenkasse bei Kleinunternehmen), nicht kalkulierbar;
- Beiträge zur Berufsgenossenschaft (betriebliche Unfallversicherung), Höhe abhängig von Gefahrenklassen;
- Kosten für den betriebsmedizinischen Dienst.

Um die Kalkulation zu vereinfachen, wird in der Regel mit einem Aufschlag von ca. 25 % auf die Lohnkosten gerechnet. Hinzu kommen noch Jahressonderzahlungen und Urlaubsgeld. Um die echten Kosten einer Arbeitsstunde zu berechnen, müssen noch die Urlaubs- und Krankentage berücksichtigt werden.

TEILZEITKRAFT IM EINZELHANDEL BEISPIEL

Für eine Hilfe im Blumengeschäft von Flora B., die an drei Tagen der Woche jeweils 7 Stunden arbeitet, hat die Unternehmerin die folgende Kalkulation erstellt:

Vereinbartes Bruttogehalt	800,00 EUR	
Lohnnebenkosten ca. 25 %	200,00 EUR	
Summe monatliche Kosten	1.000,00 EUR	
Urlaubsgeld und Jahressonderzahlung	1.000,00 EUR	pro Jahr
Jahreskosten	13.000,00 EUR	

Dafür erhält Flora B. die folgende Arbeitsleistung:

3 Tage/Woche × 52 Wochen/Jahr	156 Tage
abzüglich Urlaub/Jahr	18 Tage
abzüglich Feiertage ca.	5 Tage
abzüglich durchschnittliche Krankentage	3 Tage
Summe	130 Tage
bei 7 Stunden pro Tag	910 Stunden
Kosten EUR pro Stunde	14,29 EUR/Std.

Mit dieser Summe wird klar, dass die Entscheidung für eine Mitarbeiterin sehr genau überlegt werden muss.

Neben der Kalkulation der exakten Kosten der Arbeitsleistung müssen Sie auch auf die korrekte Abwicklung des Arbeitsverhältnisses achten. Tun Sie dies nicht, riskieren Sie empfindliche Strafen, die im Wiederholungsfall auch zum Freiheitsentzug führen können. Vor allem bei der Beschäftigung von Ausländern und Sozialbetrügern kennt die Behörde im Interesse aller korrekten Unternehmer keine Nachsicht.

Die Beschäftigung von Mitarbeitern bedeutet die Einhaltung vieler rechtlicher Vorschriften für den Arbeitgeber. Damit Sie alles richtig machen, finden Sie die wichtigsten von Ihnen erwarteten Schritte im folgenden Guide, den Sie auch auf der CD-ROM finden.

SCHRITTE **EINSTELLUNG VON MITARBEITERN** CD-ROM

		Bemerkungen:
1 **Liegen bei ausländischen Mitarbeitern (außerhalb der EU) sowohl Aufenthaltserlaubnis als auch Arbeitserlaubnis vor?**	ja ☐ nein ☐	______
Falls nein, können Sie eine Arbeitserlaubnis beantragen.		______
2 **Haben Sie den Sozialversicherungsausweis des neuen Mitarbeiters gesehen?**	ja ☐ nein ☐	______
Machen Sie sich unbedingt eine Kopie.		______
3 **Haben Sie den neuen Mitarbeiter sozialversicherungsrechtlich angemeldet?**	ja ☐ nein ☐	______
Die Anmeldung erfolg bei der zuständigen Krankenkasse bzw., bei Minijobbern, bei der		

Minijobzentrale der Bundesknappschaft.

4 Liegt Ihnen die Lohnsteuerkarte des neuen Mitarbeiters vor? ja ☐ nein ☐

Ohne Lohnsteuerkarte müssen Sie die Abrechnung mit der höchsten Steuerklasse (Klasse VI) durchführen.

5 Haben Sie eine monatliche Lohn- oder Gehaltsabrechnung veranlasst? ja ☐ nein ☐

6 Haben Sie für die monatliche Zahlung von Sozialabgaben und Lohnsteuer gesorgt? ja ☐ nein ☐

Bei geringfügigen Lohnsteuerbeträgen erlaubt das Finanzamt auch eine quartalsweise Zahlung.

7 Haben Sie Ihr Unternehmen bei der Berufsgenossenschaft angemeldet? ja ☐ nein ☐

Diese wird Sie jährlich zur Abgabe der notwendigen Informationen über die Lohnsumme auffordern und den Beitrag berechnen.

8 Halten Sie alle notwendigen Informationen über die monatlichen Abrechnungen im Jahreslohnkonto fest? ja ☐ nein ☐

So finden Sie die richtigen Mitarbeiter

Die Einstellung von Mitarbeitern bedeutet für jedes Unternehmen ein Risiko, ganz besonders für junge Existenzen. Die Arbeitnehmer verursachen enorme Kosten, denen eine entsprechende Leistung gegenüberstehen muss. Leider ist es in Deutschland und in anderen europäischen Ländern oft sehr schwer, selbst unfähige und unwillige Mitarbeiter zu entlassen. Fristen sind einzuhalten, Abfindungen werden eingeklagt, Gründe für die Entlassung müssen vorhanden sein.

Die sorgfältige Auswahl der Mitarbeiter ist daher ein wichtiger Faktor für den Unternehmenserfolg. Doch vor allem gute Mitarbeiter verlangen eine entsprechende Motivation und Führung von ihrem Chef. Sonst sind sie nicht bereit, die volle Leistung zu bringen, oder sie verlassen das Unternehmen.

CHECK **DIE RICHTIGE AUSWAHL** CD-ROM

- [ ] Gehen Sie in den folgenden Schritten vor, wenn Sie Mitarbeiter für Ihr junges Unternehmen auswählen:
- [ ] Stellen Sie fest, welche fachlichen Qualifikationen (Ausbildung, Erfahrung) Ihr neuer Mitarbeiter benötigt. Dadurch wird auch häufig das Alter der möglichen Bewerber eingegrenzt.
- [ ] Stellen Sie fest, auf welche menschlichen Eigenschaften (Ausdauer, Ehrgeiz, Zuverlässigkeit, ...) Sie Wert legen.
- [ ] Machen Sie sich klar, wie viel Sie dem neuen Mitarbeiter bezahlen wollen und können.
- [ ] Formulieren Sie diese Anforderungen in einer Beschreibung der Stelle, die als Grundlage für die Bewerber verwendet wird (Anzeige, Jobbeschreibung Arbeitsamt, ...).

Suchen Sie aus den Bewerbern die fünf interessantesten aus und führen Sie jeweils ein Gespräch mit diesen. Bewerten Sie dabei auch die Form der Bewerbung und die Qualität der Zeugnisse.	☐
Bewerten Sie die Bewerber anhand allgemeiner Kriterien (Pünktlichkeit, Kleidung, Auftreten, ...).	☐
Bewerten Sie die Bewerber außerdem anhand der von Ihnen aufgestellten Anforderungen bezüglich der sozialen und fachlichen Kompetenzen.	☐
Prüfen Sie, ob die Anforderungen des Bewerbers (Gehalt, Kompetenz, ...) mit Ihren Vorstellungen übereinstimmen.	☐
Bei wichtigen Positionen (Verkäufer, Buchhalter, Meister, ...) führen Sie mit zwei Bewerbern ein zweites Gespräch.	
Wählen Sie den Bewerber, der Ihnen am geeignetsten erscheint, aus.	☐

Wenn Sie diese Ratschläge befolgen, haben Sie gute Chancen, den passenden Mitarbeiter zu finden. Denken Sie daran, dass die Stelle den passenden Mitarbeiter benötigt. Schaffen Sie nicht die Stelle nach den Möglichkeiten des Mitarbeiters, der Sie vielleicht im Gespräch fasziniert hat.

Wie Sie Mitarbeiter motivieren

Genauso wichtig wie die richtige Auswahl von Mitarbeitern ist deren Führung. Gute Mitarbeiter verursachen hohe Kosten, wenn sie das Unternehmen verlassen. Gerade in kleinen und jungen Betrieben geht ein großes Stück an Erfahrung und Wissen verloren. Die Führung muss sich selbstverständlich an der Aufgabe und dem Menschen orientieren. Mit unterschiedlichen Schwerpunkten gilt jedoch für alle Positionen:

- Versprechen Sie im Bewerbungsgespräch nichts, was Sie in der Realität nicht halten können.
- Stellen Sie das Unternehmen am ersten Arbeitstag richtig vor. Machen Sie den Neuen mit seinen Kollegen und anderen Mitarbeitern bekannt.
- Teilen Sie dem neuen Mitarbeiter genau mit, was Sie von Ihm erwarten.
- Geben Sie dem Mitarbeiter die notwendige Kompetenz für seine Aufgabe und halten auch Sie sich als Unternehmer daran.
- Teilen Sie den anderen Mitarbeitern mit, welche Aufgabe der neue Kollege hat.
- Vereinbaren Sie Ziele mit dem neuen Mitarbeiter. Setzen Sie diese so, dass sie auch erreicht werden können.

ACHTUNG

ZIELE RICHTIG FORMULIEREN

Damit Ziele den Mitarbeiter richtig motivieren, müssen sie besonderen Anforderungen entsprechen. Das Ziel muss erreichbar sein und vom Verantwortlichen auch beeinflusst werden können. Das Ziel muss mit wirtschaftlichen Methoden gemessen werden können und es muss einen Zeitbezug haben. Ein falsches Ziel wäre: Der Buchhaltungsleiter sorgt dafür, dass der Umsatz steigt. Ein richtiges ist hingegen: Der Verkaufsleiter steigert den Umsatz in seinem Bezirk im nächsten Jahr um zwölf Prozent. Nicht exakt formulierte Ziele führen zu Fehlinterpretationen, Missverständnissen und Frustrationen.

- Kontrollieren Sie diese Ziele regelmäßig gemeinsam mit Ihrem Mitarbeiter. Stellen Sie dabei Zielunterschreitungen fest und ergreifen Sie gemeinsam Maßnahmen. Stellen Sie auch Zielüberschreitungen fest.
- Fordern Sie den Mitarbeiter mit neuen Aufgaben, die seinen Fähigkeiten entsprechen.

Zögern Sie nicht, die Stelle neu zu besetzen, wenn sich der Mitarbeiter als unfähig erweist. Sie tun sich und dem Mitarbeiter einen großen Gefallen.

Eine Fehlentscheidung bei der Einstellung von Mitarbeitern kann, wie bereits erwähnt, für Ihr Unternehmen existenzbedrohend sein. Daher ist die Investition in die Zeit für die richtige Auswahl und Führung gut angelegt. Die Fähigkeit, Menschen zu führen, sie zu motivieren und erfolgreich zu machen, gehört zu den wichtigsten Voraussetzungen, die ein Unternehmer mit sich bringen muss.

Welche rechtlichen Bestimmungen Sie beachten müssen

Jeder Existenzgründer wird bereits nach kurzer Zeit feststellen, das sein Wissen und seine Fähigkeiten sowie Wissen und Fähigkeiten der Mitarbeiter das wichtigste Kapital des jungen Unternehmens sind. Neben den gesetzlichen Vorschriften ist das einer der Gründe dafür, mit den Menschen und dem Arbeitsverhältnis sehr sorgfältig umzugehen. Der Umgang mit den Mitarbeitern ist durch viele rechtliche Vorschriften geregelt, deren Einhaltung die Voraussetzung für die Ausübung legitimer Rechte des Arbeitgebers ist, wenn es Probleme mit dem Arbeitnehmer geben sollte.

Was Sie beim Arbeitsvertrag beachten müssen

Um eine dauernde schriftliche Veränderung des Arbeitsvertrags zu umgehen, sollten Sie die Aufgabe des Arbeitnehmers im Arbeitsvertrag möglichst weit fassen. Gerade in kleinen Unternehmen ist dies noch gut möglich. So sollten Sie keinen Sachbearbeiter Vertrieb einstellen, sondern einen kaufmännischen Mitarbeiter, der im Vertrieb eingesetzt wird. Behalten Sie sich eine Umsetzung auf einen vergleichbaren Arbeitsplatz im Unternehmen vertraglich vor.

- Alle Unterlagen über das Arbeitsverhältnis (Vertrag, Jahreslohnkonten, Krankmeldungen, ...) sind bis zum Ende des Arbeitsverhältnisses und zum Teil noch zehn Jahre darüber hinaus aufzubewahren.

- Beide Seiten sollten mit dem Inhalt der Vereinbarungen vertraulich umgehen. Es handelt sich dabei um personenbezogene Daten.
- Alle wichtigen Vereinbarungen, vor allem Veränderungen des Vertrags (Arbeitszeit, Aufgabe, Entlohnung, Kündigung, ...), müssen schriftlich festgehalten werden.

Wenn Sie Abmahnen oder Kündigen müssen

Zeigt der Mitarbeiter ein Fehlverhalten, das nicht zu einer fristlosen Kündigung führt, wird dies in Form einer Abmahnung schriftlich festgehalten. Darin wird detailliert beschrieben, worin sein Fehlverhalten bestand, und bei Wiederholung muss der Verlust des Arbeitsplatzes angedroht werden. Wiederholt er das Fehlverhalten dennoch, können Sie eine Kündigung aussprechen. Die Abmahnungen werden in der Personalakte aufbewahrt.

- Ein unbefristetes Arbeitsverhältnis kann nur durch eine begründete Kündigung beendet werden, wobei es betriebsbedingte und personenbedingte Gründe gibt.
  - Betriebsbedingte Gründe sind z. B. der Wegfall des Arbeitsplatzes (durch Rationalisierung, Aufgabe des Programms, ...) oder ein dauerhafter Beschäftigungsrückgang. Bei einer betriebsbedingten Kündigung muss eine Sozialauswahl durchgeführt und dokumentiert werden. In vielen Fällen wird ein Sozialplan fällig.
  - Eine personenbedingte Kündigung ist wesentlich schwerer durchzusetzen. Theoretisch kann auch die fehlende Qualifikation ein Grund sein, praktisch kommt dies jedoch kaum vor. Eher kann persönliches Fehlverhalten des Mitarbeiters einen Grund für die Kündigung liefern. Dies muss jedoch durch Abmahnungen und Beweise gerechtfertigt werden.
- Eine Kündigung muss schriftlich erfolgen und die tariflichen, vertraglichen oder gesetzlichen Fristen berücksichtigen. Es empfiehlt sich, die Kündigung gegen Empfangsbestätigung zu versenden.

- Eine fristlose Kündigung kann nur dann ausgesprochen werden, wenn persönliche Gründe vorliegen und diese sehr gravierend sind. Ein solcher Grund ist z. B. der Diebstahl im Unternehmen. Die Kündigung muss spätestens 14 Tage nach Bekanntwerden des Grundes ausgesprochen werden. Sie hat schriftlich zu erfolgen.
- Bei der Änderungskündigung bietet der Arbeitgeber dem Mitarbeiter einen anderen Arbeitsplatz im Unternehmen an. Oft ist damit auch eine Kürzung der Entlohnung verbunden oder die Arbeitsbedingungen (Zeit, Kompetenz) ändern sich. Gerade in jungen Unternehmen ist dies häufig der Fall. Auch Änderungskündigungen werden schriftlich ausgesprochen. Der Arbeitnehmer hat die Möglichkeit, der Änderung zu widersprechen. Damit wird diese zu einer ordentlichen Kündigung mit allen Voraussetzungen.

KÜNDIGUNGSSCHUTZ GILT ERST AB SECHS MITARBEITERN ACHTUNG

Der allgemeine Kündigungsschutz gilt – im Gegensatz zum besonderen Kündigungsschutz für Schwangere und Schwerbehinderte – erst für Betriebe ab sechs regelmäßig Beschäftigten.

Setzen Sie Ziele und überprüfen Sie deren Erreichung

In regelmäßigen Abständen, mindestens einmal pro Jahr, werden in persönlichen Gesprächen zwischen dem Vorgesetzten und dem Mitarbeiter eventuelle Probleme, Zielerreichungen und die Beurteilung der Leistung besprochen. Ziel ist es, den Mitarbeiter zu motivieren und die Anforderungen klar zu machen. Das Ergebnis sollte möglichst von beiden Seiten akzeptiert werden. Es wird schriftlich festgehalten und in der Personalakte aufbewahrt.

Die folgende Checkliste verschafft Ihnen noch einmal einen Überblick darüber, was Sie im Hinblick auf das Einstellen und Beschäftigen von Mitarbeitern beachten müssen. Auch diese Checkliste finden Sie selbstverständlich wieder auf Ihrer CD-ROM. So können Sie sie problemlos in Ihre Textverarbeitung übernehmen und sie gegebenenfalls im Hinblick auf Ihre Erfahrungen und Bedürfnisse modifizieren bzw. ergänzen.

CHECK

SO HABEN SIE IHRE PERSONALSITUATION IM GRIFF

CD-ROM

- Wollen Sie in Ihrem Unternehmen Mitarbeiter beschäftigen? ☐
- Können Sie den Personalbedarf möglichst exakt berechnen? ☐
- Haben Sie den Personalbedarf auf Voll- und Teilzeitkräfte sowie auf Aushilfen verteilt? ☐
- Lassen Sie sich bei der Personalabrechnung helfen? ☐
- Kennen Sie die gesetzlichen und tariflichen Mindestanforderungen? ☐
- Können Sie die richtigen Mitarbeiter finden? ☐
- Wissen Sie, welche rechtlichen Anforderungen an den Umgang mit Mitarbeitern gestellt werden? ☐

Wie finde ich Unterstützung?

Viele Existenzgründer fühlen sich bei ihrer Aufgabe allein gelassen. Das muss nicht sein. Es gibt viele Stellen, die sich als Ansprechpartner und Helfer anbieten, nicht immer eigennützig.

Lesen Sie in diesem Kapitel,

- welche Unterstützung der Bund und die Länder anbieten und warum diese ein großes Interesse an funktionierenden Existenzgründungen haben,
- wie Sie sich bei Banken an Informationen und Unterstützung holfen können und welches Eigeninteresse diese haben,
- warum professionelle Hilfe zwar teuer ist, aber auch sehr wertvoll sein kann.

Welche Hilfen der Staat bietet

Die Politiker haben schon früh erkannt, welchen Beitrag kleine und vor allem auch junge Unternehmen für das Wohlergehen der Wirtschaft leisten können. Daher gibt es umfangreiche Hilfsangebote für Existenzgründer auf allen staatlichen Ebenen. Die Bundes- und Landesministerien sind ebenso beteiligt wie kommunale Stellen, Verbände und Kammern. Wirtschaftliche Interessen an den Jungunternehmen haben die Banken und andere Finanziers, die für ihre potenziellen Kunden umfangreiche Beratungsleistungen anbieten.

BEISPIEL **NICHT AUFGEBEN**

Für Katja M. sollte es die Erfüllung ihres Lebenstraums werden, der eigene Bügelservice. Die Idee war gut, doch sie war sich nicht sicher, wie viel Potenzial im Umkreis ihrer Heimatstadt zur Verfügung stand. Auch hatte sie von Mehrwertsteuer und Umsatzsteuer gehört, versucht, die Buchhaltung zu verstehen, und sich durch Finanzierungsangebote der Maschinenhersteller irritieren lassen. Die vielen neuen Fragen entmutigten die junge Frau.

Dennoch hat Katja M. heute ein erfolgreiches Unternehmen, das Dienstleistungen rund um den Haushalt anbietet. Sie beschäftigt zwei Mitarbeiterinnen und kann von den Einnahmen ihren Lebensunterhalt bestreiten. Wie war das möglich? Als Katja M. schon aufgegeben hatte, vereinbarte ihre Partnerin einen Termin mit dem Berater der Bank. Dort wurden weitere Adressen für umfangreiche und verständliche Informationen gegeben und erste Vorstellungen zur Finanzierung konkretisiert.

War die Existenzgründerin zunächst von der Vielfalt der neuen Anforderungen beeindruckt, war sie nach dem Bankgespräch von den umfangreichen Hilfsangeboten staatlicher und privater Stellen überrascht. Sie fühlte sich gut aufgehoben und kompetent beraten. Das war wichtig für die endgültige Entscheidung, den Schritt in die Selbstständigkeit zu wagen.

Während die Leistungen des Staates in der Regel kostenlos sind und auch die Banken viele Informationen ohne Bezahlung herausgeben, gibt es professionelle Beratung für Existenzgründer von Unternehmensberatern nur gegen Bezahlung. Wichtig ist das persönliche Gespräch mit Fachleuten, nachdem sich der Gründer gründlich informiert hat.

Der Staat ist an einer sprudelnden Steuerquelle interessiert und unterstützt die Wirtschaft daher durch viele Programme. Speziell für Gründer gibt es unterschiedlichste Hilfen von staatlichen und halbstaatlichen Stellen. Diese decken alle Phasen der Existenzgründung ab und werden mit der fortschreitenden Projektdurchführung immer konkreter und wichtiger.

- Viele Stellen bieten Ihnen Informationsmaterial zur Unternehmensgründung.
- Der nächste Schritt ist die kostenlose Beratung, die von den Industrie- und Handelskammern und von den Handwerkskammern durchgeführt wird. Es gibt auch staatliche Beratungsstellen, vor allem in den Ländern.
- Der Staat unterstützt auch die kostenpflichtige Beratung durch Zuschüsse für junge Unternehmer als Begleitung in die neue Existenz.
- Sie können Ihr Unternehmen durch verschiedene Förderprogramme unterstützen lassen.
- Durch staatliche Beteiligungsgesellschaften sorgt der Staat für eine ausreichende Eigenkapitalausstattung junger Unternehmen (meist auf bestimmte zukunftsträchtige Branchen beschränkt).

Hier die wichtigsten Adressen, bei denen Sie die genannten Angebote des Staates abrufen können. Da an dieser Stelle nur wenige Adressen angegeben werden können, finden Sie weitere Informationsquellen auf Ihrer Begleit-CD.

Adressen für Beratung und Information

Bundesministerium für Wirtschaft und Technologie (BMWi) Scharnhorststr. 34-37 10115 Berlin Tel.: 0 18 88/61 59 Fax: 0 18 88/6 15 70 10 Internet: www.bmwi.de	Deutscher Industrie- und Handelstag (DIHT) Breite Straße 29 10178 Berlin Tel.: 0 30/20 30 80 Fax: 0 30/2 03 08 10 00 Internet: www.diht.de
Zentralverband des Deutschen Handwerks (ZDH) Mohrenstraße 20-21 10117 Berlin Tel.: 0 30/20 61 90 Fax: 0 30/20 61 94 60 Internet: www.zdh.de	

Adressen für Förderung, Finanzierung und Beteiligung

Bundesministerium für Wirtschaft und Technologie (BMWi) Scharnhorststr. 34-37 10115 Berlin Tel.: 0 18 88/6 15 76 Fax: 0 18 88/6 15 70 33 Internet: www.bmwi.de	KfW Bankengruppe Palmengartenstr. 5-9 60325 Frankfurt/Main Tel.: 069/74 31-0 Fax: 069/74 31-29 44 Internet: www.kfw-mittelstandsbank.de
Bundesverband Deutscher Kapitalbeteiligungsgesellschaften e. V. (BVK) Reinhardtstr. 27c 10117 Berlin Tel.: 0 30/3 06 98 20 Fax: 0 30/30 69 82 20 Internet: www.bvk-ev.de	

Internet nutzen

An dieser Stelle können nur wenige Adressen angegeben werden. Selbst die CD enthält nur einen Auszug an Informationsquellen. Sie erhalten umfangreiche Informationen und einen guten Überblick über Ansprechpartner und mögliche Hilfen im Internet. Dazu benutzen Sie die üblichen Suchmaschinen und geben als Suchbegriff „Existenzgründung", „Förderung", „Beteiligungsgesellschaften" oder Begriffe aus Ihrer Branche ein. Beschränken Sie die Suche auf deutsche Websites, damit Sie nicht durch österreichische oder schweizerische Informationsangebote verwirrt werden. Außerdem empfiehlt es sich, aus der Vielfalt der Angebote diejenigen auszuwählen, die einen professionellen Internetauftritt erkennen lassen.

Was Banken Ihnen bieten

Die Banken leben davon, den Wirtschaftsunternehmen ihre Dienstleistungen zu verkaufen. Daher haben sie ein großes Interesse daran, dass neue Unternehmen mit ihnen zusammenarbeiten. Viele Banken unterstützen die Existenzgründer auf unterschiedlichste Weise.

- Die Banken bieten umfangreiches Informationsmaterial für den Existenzgründer. Neben schriftlichen Unterlagen werden in regelmäßigen Abständen auch Informationstermine angeboten.
- Die Banken verfügen über ein großes Know-how, das für viele junge Unternehmer interessant ist. Sie bieten dies in meist kostenlosen Beratungen an.
- In der Regel müssen alle Fördermittel bei den entsprechenden staatlichen Stellen über eine Bank beantragt werden. Dies ist ein Service, den die Hausbank bietet.
- Die Bank finanziert einen Teil der Investitionen, die für ein neues Unternehmen notwendig sind, durch die Vergabe von Krediten.

ACHTUNG **IHRE HAUSBANK**

Für junge Unternehmen ist die positive Begleitung der ersten Jahre durch eine Bank besonders wichtig. Die Bankangestellten müssen die Personen und Ideen richtig kennen lernen, um auch ein gewisses Risiko einzugehen. Daher ist es gerade für die Existenzgründung wichtig, eine Bank Ihres Vertrauens zu finden, die als Hausbank fungiert. Vereinbaren Sie diese Position der Bank ausdrücklich mit Ihrem Bankpartner, damit diese auch die entsprechende Stellung gegenüber Gläubigern und anderen Partnern des Unternehmens einnehmen kann.

Wichtig ist der persönliche Kontakt zur lokalen Bank vor Ort. Welche Bank als Hausbank gewählt wird, spielt bei der Gründung nur eine untergeordnete Rolle. Die regionalen Banken und Sparkassen haben meist einen stärkeren Bezug zum Ort des Unternehmens und können Vorhaben wie die Eröffnung eines Einzelhandelsgeschäfts oder eines Handwerksbetriebs sehr gut begleiten. Die überregionalen und internationalen Banken bieten Vorteile, wenn eine weiter gehende Finanzierung notwendig ist und wenn internationale Kontakte (Lieferanten, Kunden, Geldgeber) gepflegt werden müssen.

Wertvolle Ergänzung: professionelle Beratung

Neben der kostenlosen Beratung durch staatliche Stellen und Banken können Sie sich auch professionellen Rat holen – allerdings gegen Geld. Daher ist der Einsatz von Beratern genau zu überdenken und zu planen. Auch große Unternehmensberatungen bieten Ihnen eine vollständige Begleitung bei Ihrem Vorhaben an. Dies ist jedoch meist nicht notwendig, da das Angebot an kostenloser, qualitativ hochwertiger Beratung in allgemeinen Fragestellungen ausreicht. Dennoch gibt es Situationen, in denen eine professionelle Hilfe notwendig wird.

- Bei Existenzgründungen mit hohem Kapitalbedarf ist es sinnvoll, den Businessplan von Profis erstellen zu lassen.
- Wenn komplexe Marktuntersuchungen für die richtige Positionierung des Unternehmens am Markt notwendig sind, sollte dies von Marketingprofis durchgeführt werden.
- Für Konsumgüter sind Marketingstrategien notwendig, die nur eine professionelle Agentur erstellen kann.
- Ist die Beteiligung von Venture-Kapital-Gesellschaften geplant, so verlangen diese in der Regel eine Beurteilung der Geschäftsidee und des Businessplans durch einen Beratungsgesellschaft.

Beratungsqualität sicherstellen

Professionelle Beratung kostet Sie ca. 1.000 EUR pro Beratertag zuzüglich der Nebenkosten. Dafür sollten Sie auch ausgezeichnete Qualität erhalten. Das ist leider nicht immer so. Daher müssen Sie sich bei der Auswahl des Beraters entsprechend gründlich verhalten:

- Versuchen Sie, Informationen von ehemaligen Existenzgründern über die Qualität der Leistung zu erhalten.
- Stellen Sie im ersten Gespräch fest, wie gut der Berater Ihre Branche und Ihre Probleme versteht.
- Lassen Sie sich von dem potenziellen Berater erklären, wie er seine Arbeit erledigt.
- Lassen Sie sich vor Auftragserteilung ein Angebot möglichst mit einem Festpreis geben. Zumindest sollten Sie einen Maximalpreis verlangen.
- Beschreiben Sie gemeinsam mit dem Berater, was Sie als Leistung erhalten werden.

Für mittelständische Unternehmen gibt es auf Länderebene die Möglichkeit, bis zu 50 Prozent der Beratungskosten erstattet zu bekommen. Die

Voraussetzungen dafür sind bei den meisten Existenzgründungen gegeben. Wichtig ist nur, dass Sie den Antrag vor Beginn der Beratung stellen. Das geschieht sinnvollerweise über Ihre Hausbank, da diese auch die Bedingungen Ihrer Region genau kennt und Sie darüber informiert.

Eine Auswahl professioneller Beratungsunternehmen können Ihnen der Bundesverband Deutscher Unternehmensberater (BDU) sowie andere Vereinigungen von Beratern geben. Auch die Banken, die Industrie- und Handelskammern oder die Handwerkskammern haben entsprechende Adressen. Dabei ist es nicht immer notwendig, dass die beratenden Personen auch als Unternehmensberater auftreten. Steuerberater und Wirtschaftsprüfer können in vielen Fällen ebenfalls Hilfestellung geben und tun dies meist kostengünstiger.

Bundesverband Deutscher Unternehmensberater e.V. (BDU) Kronprinzendamm 1 10711 Berlin Tel.: 0 30/8 93 10 70 Fax: 0 30/8 93 47 46 Internet : www.bdu.de	Bundesverband der Wirtschaftsberater BVW e. V. Lerchenweg 14 53909 Zülpich Tel.: 02252/81361 Fax: 02252/2910 Internet: www.bvb-ev.de
Vereinigung beratender Betriebs- und Volkswirte e. V. Holstenstr. 15 25335 Elmshorn Tel.: 0 41 21/2 52 52 Fax: 0 41 21/2 58 67 Internet : www.vbv.de	Senior Experten Service (SES) Buschstraße 2 53113 Bonn Tel.: 02 28/2 60 90-0 Fax: 02 28/2 60 90-77 Internet: www.ses-bonn.de
Institut für Handelsforschung an der Universität zu Köln (IfH) Säckinger Straße 5 50935 Köln Tel.: 02 21/94 36 07-0 Fax : 02 21/94 36 07 99 Internet : www.ifhkoeln.de	

Es gibt mehr Hilfen für Existenzgründer, als gemeinhin angenommen. Aus dem großen Angebot kostenloser, kostenpflichtiger, überflüssiger oder lebensnotwendiger Hilfen gilt es, die wichtigen auszusuchen. Die nachfolgende Checkliste, die Sie selbstverständlich auch auf Ihrer CD-ROM finden, zeigt Ihnen, wo Sie das tun können.

CD-ROM

NUTZEN SIE DIE ANGEBOTENE HILFE CHECK

	Ihre Notizen:
Welche Hilfsangebote bietet Ihnen Ihre Stadt?	
Welche Hilfsangebote bietet Ihnen das Land?	
Welche Hilfsangebote bietet Ihnen die Bundesrepublik Deutschland?	
Welche Hilfsangebote bietet Ihnen die EU?	
Was hat das Gespräch mit der Existenzgründungsberatung Ihrer zuständigen IHK ergeben?	
Für Handwerker ist die Handwerkskammer zuständig. Wie sind die Gespräche dort verlaufen?	
Welche Verbände (Unternehmensverbände, Einkaufsverbände, ...) gibt es in Ihrer Branche?	

Welches Beratungsangebot bieten die örtlichen Banken?

Wie können Sie professionelle Beratung einsetzen? Beachten Sie dabei auch die Fördermöglichkeiten in Form von staatlichen Zuschüssen zur Beratung.

Ihr Weg durchs erste Jahr

Im ersten Jahr Ihrer Existenzgründung stehen Sie vor vielen Herausforderungen: Trotz Vorbereitung werden Sie immer wieder vor neuen Fragen stehen, auf die Sie erst eine Antwort finden müssen. Doch sind viele dieser Fragen immer wieder ähnlich. Daher können die hier zusammengestellten Tipps und Checklisten Sie vor etlichen Überraschungen schützen.

Nutzen Sie die Checklisten aus diesem Kapitel

- damit Sie in der Anfangsphase an alle wichtigen Punkte denken, sie gut vorbereitet sind und klare Entscheidungen treffen können,
- damit Ihnen der Aufbau Ihrer neuen Existenz sicher gelingt und Sie mit Power starten können,
- damit Sie den Überblick gewinnen und behalten und Sie Ihr Unternehmen sicher zum Erfolg führen können.

1. An alles gedacht: die Vorbereitung

In den meisten Fällen liegen die Gründe für das Scheitern einer neuen Existenz in der Anfangszeit. Neben einer schlechten oder falschen Vorbereitung ist fehlende Kontrolle der Entwicklung ausschlaggebend für den Misserfolg, der sich oft erst nach einiger Zeit erkennen lässt.

Dieses Kapitel soll Ihnen helfen, die wichtigsten Schritte in die Selbstständigkeit nicht zu vergessen und auch nach der Gründung und dem Start Ihres Unternehmens den Erfolg sicherzustellen. Die Checklisten finden Sie selbstverständlich alle auch auf Ihrer CD-ROM.

CHECK **WAS SIE VORAB PRÜFEN SOLLTEN** **CD-ROM**

Informieren Sie sich über die Möglichkeiten einer eigenen beruflichen Existenz.	☐
Formulieren Sie Ihre Geschäftsidee.	☐
Prüfen Sie sich auf Ihre Unternehmerqualitäten.	☐
Prüfen Sie Ihre Geschäftsidee auf Erfolgschancen! Passen Sie diese eventuell an.	☐
Stellen Sie Ihre Geschäftsidee den Banken und Beratern vor.	☐
Prüfen Sie eventuell notwendige fachliche Voraussetzungen (Meisterbrief, Erlaubnis, ...).	☐
Prüfen Sie Ihre finanziellen Voraussetzungen.	☐

2. Ihr wichtigster Schritt: die Entscheidung

CD-ROM **WELCHE ENTSCHEIDUNGEN SIE TREFFEN MÜSSEN** CHECK

Entscheidung	
Entscheiden Sie sich bewusst für die Selbstständigkeit mit allen Vor- und Nachteilen!	☐
Entscheiden Sie sich für eine Geschäftsidee!	☐
Entscheiden Sie sich für eine Größe des Unternehmens!	☐
Entscheiden Sie sich für einen Standort!	☐
Entscheiden Sie sich für eine Rechtsform!	☐
Entscheiden Sie sich für einen oder mehrere Partner!	☐
Entscheiden Sie sich für die Art der Finanzierung!	☐

3. Bald wird es ernst: der Aufbau

Erst mit der rechtlichen Gründung des Unternehmens können Sie die Vorteile der von Ihnen gewählten Rechtsform genießen. Für den Einzelkaufmann spielt dieser Punkt keine große Rolle, da er keinerlei Haftungsbeschränkungen unterliegt. Für alle anderen Rechtsformen gilt jedoch, dass die Bedingungen erst mit der rechtlichen Gründung greifen. Das sind bei der GbR die Vereinbarungen zwischen den Partnern, die erst mit dem Beginn der Gesellschaft Gültigkeit erhalten. Das sind in den Kapitalgesellschaften die Haftungsbeschränkungen. Handeln Sie z. B. vor dem Eintrag Ihrer GmbH bereits unternehmerisch, so handeln Sie auf eigenes Risiko und haften mit Ihrem Privatvermögen!

WAS VORAB ZU TUN IST

- [ ] Stellen Sie die Finanzierung sicher!
- [ ] Gründen Sie das Unternehmen rechtlich!
- [ ] Melden Sie Ihr Gewerbe an!
- [ ] Finden Sie die geeigneten Räume für Ihre Unternehmung!
- [ ] Richten Sie Bankkonten ein!
- [ ] Lassen Sie die notwendigen Kommunikationsanschlüsse freischalten (Telefon, Fax, Internet, ...).
- [ ] Bestellen Sie die notwendigen Einrichtungen und Maschinen!
- [ ] Bauen Sie den Kontakt mit den Lieferanten auf!
- [ ] Bestellen Sie den notwendigen Lagervorrat an Materialien oder Waren!
- [ ] Nehmen Sie Kontakt auf zu den ersten Kunden!
- [ ] Vielleicht können Sie schon erste Verkäufe tätigen. Wenn Sie z. B. Auftragsfertiger sind, können Sie sofort mit der Produktion beginnen.
- [ ] Suchen Sie die richtigen Mitarbeiter aus!
- [ ] Richten Sie die Geschäftsräume, das Ladengeschäft, die Werkstatt oder die Produktionsräume ein.

4. Jetzt geht's los: der Start

CD-ROM

MACHEN SIE SICH BEKANNT

CHECK

- Stellen Sie sicher, dass alle benötigten Materialien, Waren und Mitarbeiter zum Start verfügbar sind! ☐
- Starten Sie das Marketing, mit dem Sie Ihren Kunden zeigen, dass es Sie gibt! ☐
- Informieren Sie die örtliche Presse und, falls notwendig, die Fachpresse über Ihre Gründung! ☐
- Bieten Sie Ihren Kunden zur Eröffnung eine Besonderheit! ☐
- Zeigen Sie sich, Ihr Geschäft oder Ihr Unternehmen der Öffentlichkeit! ☐
- Planen Sie ausreichend Zeit für die Vorbereitung der letzten Tage ein, damit Sie nicht im letzten Augenblick improvisieren müssen! ☐
- Freuen Sie sich auf Ihren ersten Tag der Bewährung! ☐

5. Bilanz der ersten Tage: die Überprüfung

KONTROLLIEREN SIE DIE ENTWICKLUNG

- [ ] War die Resonanz auf Ihre Marketingaktivitäten zur Eröffnung wie erwartet, besser oder schlechter?
- [ ] War der Erfolg (z. B. im Einzelhandel die Einnahmen) wie vorgesehen, besser oder schlechter?
- [ ] Müssen Sie kurzfristig Veränderungen am Konzept vornehmen? Tun Sie dies nur, wenn sich große Probleme ergeben haben. Halten Sie sonst an dem Konzept fest.
- [ ] Prüfen Sie die Abläufe in Ihrem Unternehmen (Verkauf, Auftragsabwicklung, ...)! Haben Sie dem Ansturm der ersten Tage standgehalten?
- [ ] Prüfen Sie, ob Ihre Kunden zufrieden sind!
- [ ] Wer war von der Eröffnung angesprochen? Welche Zielgruppen haben Sie erreicht?
- [ ] Hatten Sie die richtigen Produkte vorrätig?
- [ ] Wie war die Reaktion auf Qualität und Preis Ihrer Angebote?
- [ ] Gibt es Anregungen zur Anpassung von Marketing, Produkten, Zielgruppe?
- [ ] Prüfen Sie, ob Ihre Mitarbeiter zufrieden sind!
- [ ] Waren die Mitarbeiter auf die Belastung der ersten Tage gut vorbereitet?
- [ ] Hat es Probleme mit der Belastbarkeit, mit der Qualifikation oder mit dem Auftreten der Mitarbeiter gegeben?

Prüfen Sie, ob Sie selbst zufrieden sind!	☐
Hatten Sie ausreichend Gelegenheit, die wichtigsten Kontakte selbst zu unterhalten?	☐
Sind Ihre persönlichen Gäste (wichtige Kunden, Lieferanten, Kreditgeber) zur Eröffnung erschienen bzw. haben sie entsprechend reagiert?	☐
Informieren Sie Ihre Kapitalgeber (Gesellschafter, Partner, Banken) über den Erfolg der ersten Tage!	☐

6. Nach der ersten Hektik: die Routine

CHECK **BEHALTEN SIE DEN ÜBERBLICK** CD-ROM

Nehmen Sie – das gilt vor allem im Einzelhandel – den Erfolg der ersten Tage nicht als Maßstab für die folgenden Wochen.	☐
Achten Sie auf zeitliche Schwankungen in der Nachfrage.	☐
Führen Sie exakte Statistiken über den Verkauf und die Kosten.	☐
Stellen Sie den Erfolg mindestens monatlich fest.	☐
Gleichen Sie die Erlöse und Kosten mit Ihren Zahlen im Businessplan ab.	☐
Versuchen Sie, die Abweichungen zwischen den Ist-Werten und dem Businessplan zu erklären.	☐
Nutzen Sie Erkenntnissen: Verstärken Sie positive Trends, bekämpfen Sie negative.	☐
Verändern Sie Ihre Geschäftsidee, wenn sich die Notwendigkeit dazu abzeichnet.	☐

Beobachten Sie vor allem Ihre Liquidität in kurzfristigen Abständen (wöchentlich, monatlich).	☐
Sprechen Sie mit Ihrer Bank, wenn sich unerwartete Liquiditätsprobleme zeigen. Sofort!	☐
Unterrichten Sie die Partner und Banken über den Erfolg der ersten Monate, vor allem dann, wenn er nicht das geplante Niveau erreicht.	☐
Beobachten Sie Ihre Mitarbeiter aufmerksam! Führen Sie Mitarbeitergespräche und trennen Sie sich von unfähigen Mitarbeitern möglichst noch in der Probezeit.	☐

BEISPIEL

GESCHENKE STATT BLUMEN

Karin F. hatte bei der Eröffnung ihres Blumengeschäfts einen großen Erfolg. Viele Kunden waren gekommen, der Umsatz lag über den Erwartungen. Zeit für ausführliche Gespräche blieb in den ersten Tagen der Selbstständigkeit nicht. Erst nach einigen Monaten, nachdem sich der Umsatz in einem Bereich, der am unteren Ende der Erwartungen lag, eingependelt hatte, zeigte sich der Trend:

- Schnittblumen und vorgebundene Sträuße mit frischen Blumen sowie Topfblumen machten einen weit geringeren Umsatzwert aus als geplant.
- Gestecke mit designerischem Anspruch waren besser verkauft worden, als die Planung es vorsah.
- Besonders haben die Kunden die eigentlich nur als Ergänzung gedachten Accessoires und nicht floralen Geschenkartikel nachgefragt.

Dies bestätigte sich in vielen Gesprächen mit den Kunden. Karin F. zog daraus die Konsequenzen und stellte ihr Programm um. Frischblumen, geschnitten und im Topf, wurden komplett gestrichen. Aus dem Blumengeschäft wurde ein Einzelhandel mit Geschenkartikeln. Der Erfolg gab der mutigen Unternehmerin Recht, der Umsatz und der Gewinn lagen plötzlich im oberen Bereich der im Businessplan vorgesehenen Werte. Die Gründerin hatte die erwartete Flexibilität bewiesen.

7. Ihre Belohnung: der Jahresabschluss

Nach dem ersten Jahr harter Arbeit als Unternehmer haben Sie sich eine Belohnung verdient. Der Erfolg soll offiziell festgehalten werden. Sie sind meist verpflichtet, einen rechtlich einwandfreien Jahresabschluss aufzustellen. Die Gewinn- und Verlustrechnung zeigt Ihnen, wo Erlöse erzielt werden konnten und wo Kosten aufgetreten sind. Die Bilanz stellt das Vermögen Ihres Unternehmens dar.

CHECK

WAS SIE BEIM JAHRESABSCHLUSS BEACHTEN MÜSSEN

CD-ROM

- Suchen Sie sich frühzeitig, besser schon vor Beginn Ihrer Unternehmertätigkeit, einen kompetenten Steuerberater! ☐
- Bereiten Sie den Jahresabschluss bereits vor Ende des Jahres vor, damit Sie noch steuerlich relevante Einflüsse auf das Ergebnis nehmen können! ☐
- Stellen Sie mit Ihrem Steuerberater den realen wirtschaftlichen Erfolg Ihres Unternehmens auf! ☐
- Gestalten Sie erst danach im Rahmen der legalen Möglichkeiten den im Hinblick auf die Steuern optimierten Jahresabschluss! ☐
- Stellen Sie die Differenzen zwischen dem wirtschaftlichen Jahresabschluss und Ihrem Businessplan fest! ☐
- Analysieren Sie die Differenzen und entscheiden Sie über Veränderungen Ihrer Unternehmenspolitik. ☐
- Präsentieren Sie Ihren Jahresabschluss Ihren Geschäftspartnern, den Gesellschaftern, den Banken, den wichtigen Lieferanten und den wichtigen Mitarbeitern. ☐

ACHTUNG

EIN ERFOLG

Wenn Ihr Unternehmen das erste Jahr überstanden hat, können Sie das wirklich als Erfolg werten! Denn viele Existenzgründungen überleben das erste Jahr nicht. Wenn Ihr Unternehmen den geplanten Erfolg aufweisen kann oder sogar darüber liegt, dann haben Sie allen Grund stolz zu sein, auf sich, auf Ihre Ideen und Ihre Mitarbeiter und die Menschen, die Ihnen geholfen haben. Wenn dieser Ratgeber etwas dazu beigetragen hat, Ihr Unternehmen durch das schwierige erste Jahre zu bringen, hat er sein Ziel erreicht. Auch weiterhin viel Glück und Erfolg!

Stichwortverzeichnis

A

Abschreibungen 128
Adressen 224
Aktiengesellschaft (AG) 109
Alleinstellungsmerkmal 38
Altersvorsorge 151
Änderungskündigung 218
Anzeige 42
Arbeitslosengeld II 176
Arbeitsverhältnis 202
Arbeitsverhältnis, befristetes 206
Arbeitszeit 11
Ausbildungsverhältnis 207

B

Bank 11, 23, 179, 225
- Gesprächspartner 180
Bankgespräch 179, 182
- Unterlagen 181
Befristetes Arbeitsverhältnis 206
Behörden 12
Berater
- Adressen 228
Beratung 224
Beratung, professionelle 226
Beratungskosten 129
Berufsgenossenschaft 12
Berufsunfähigkeitsversicherung 151
Beteiligung 224
Beteiligung, stille 166
Beteiligungsgesellschaften 166
Beteiligungsgesellschaften, staatliche 166
Betriebsführer, technischer 52
Betriebsunterbrechungsversicherung 154
Betriebswirtschaft 14
Bewertung von Sicherheiten 168
Break-even-Point 120
Buchführung 190
Bundesverband Deutscher Unternehmensberater (BDU) 228
Bürgschaft 168
Businessplan 124, 130

C

Call Center 42
Cashflow 142

D

Direktansprache 42
Direkter Verkauf 35
Direktmailing 42

E

Eigenkapital 161
Eigenkapital, zusätzliches 164
Eigenkapitalquote 143
Eigenleistung 163
Eignung, fachliche 24
Einkommensteuer 193
Einnahme-Überschussrechnung 192
Eintragung 107
Einzelhandel 35
Einzelhandel, lokaler 32
Einzelhandelsverband 22, 80
Einzelunternehmen 90
Erlösplanung 124
EU-Ausland 199

Euro-GmbH 104
Existenzgründungsprogramme 223

F
Fachliche Eignung 24
Fachmarkt 36
Familie 12
Finanzamt 12
Finanzierung 157, 224
- Checkliste 184
Finanzkennziffern 142
Fördergelder, öffentliche 170
Förderung 224
Forderungsabtretung 168
Franchisegeber 68
Franchisevertrag 72
Franchising 68
- Kosten 69
- Unseriöse Angebote 70
Freiberufler 96
Freie Berufe 51
Fremdkapital 166
Fremdkapitalquote 143
Freunde 12
Fristlose Kündigung 218
Führung 14

G
Gehalt 209
Gemeindeverwaltung 22
Geringwertige Wirtschaftsgüter (GWG) 129
Geschäftsidee 19
- Bewertung 37
Gesellschaft bürgerlichen Rechts (GbR) 93
- Vertrag 95
Gesellschaft für Konsumforschung (GfK) 32
Gesellschaft mit beschränkter Haftung (GmbH) 100
- Vertrag 103
Gewerbe mit Sondergenehmigung 51, 54
Gewerbeamt 188
Gewerbeaufsicht 12
Gewerbefreiheit 50
Gewerbesteuer 84, 195
GmbH & Co. KG 108
Großhandel 36
Grundschuld 167

H
Haftpflichtversicherung 153
haftungsbeschränkt 106
Handelsregister 107
Handwerk 52
Handwerksähnliche Berufe 53
Handwerksberufe 51
Handwerkskammer 23
Handwerksrolle 51
Hartz IV 175
Hausbank 180

I
IHK 22
Immobilienkauf 84
Industrie- und Handelskammer (IHK) 22
Information 224
Informationen 20
Informationen, kostenlose 22
Investitionskredit 168
Investoren 166

J
Jahressonderzahlung 210

K

Kapitalanlage 168
Kapitalgeber 124
Kaufmann 191
Kaufmännische Unterstützung 14
Kaufpreisermittlung 64
Kaufpreisfinanzierung 65
Kennzahlen 139
- Produktion und Lager 141
Kennzahlen zur Finanzstruktur 143
Kleine AG 109
Kommanditgesellschaft (KG) 97, 99
Konkurrenz 25
Kontokorrentkredit 168
Körperschaftsteuer 195
Kostenplanung 127
Krankenversicherung 150
Kredit 168
Kreditversicherung 154
Kunden 12, 30
Kundenbesuch 42
Kündigung, fristlose 218
Kündigung, ordentliche 218

L

Landwirte 52
Lieferanten 12
Limited (Ltd.) 104, 106
Liquidität 148
Lohn 209
Lohn, zweiter 209
Lohnfortzahlung 210
Lohnnebenkosten 128, 209
Lohnsteuer 196

M

Management-Buy-in (MBI) 63
Management-Buy-out (MBO) 60, 62
Managementfähigkeiten 16
Marketing 14, 28
- Einzelhandel 40
- Finanzierung 43
- Handwerk 41
- Industrie 41
Marketingaktivitäten
- Kombination 42
Marketingstrategie 40
Markt
- Beurteilung 31
- Definition 31
- Regionale Begrenzungen 28
Marktchancen 25
Marktvolumen 32
- Lokaler Einzelhandel 32
Mehrwertsteuer 196
Meister-BAföG 57
Meisterbrief 51
Miete 84
Mini-Job 203
Mitarbeiter 11
- Auswahl 213
- Motivation 215
- Rechtliche Bestimmungen 216
- Verwaltungskosten 210
MoMiG 106

N

Neugründung 60

O

Offene Handelsgesellschaft (OHG) 97
Öffentliche Fördergelder 170
Öffentlichkeitsarbeit 43

Onlineshop 36
Ordentliche Kündigung 218

P
Partnerschaftsgesellschaft (PartG) 93, 96
Personalkosten 127
Persönliche Zuverlässigkeit 54
Pflegeversicherung 150
Plausibilitätsprüfung 122
Positionierung 27
PR 40
Preise 28
Preiskalkulation 135
- Dienstleistung 138
- Einzelhandel 135
- Industrie 136
Produktprogramm 27
Public Relations (PR) 40

R
Raumgröße 77
Raumkosten 129
Raumqualität 79
Rechtsform 89
- Aktiengesellschaft (AG) 109
- Einzelunternehmen 90
- GbR 93
- Gesellschaft mit beschränkter Haftung (GmbH) 100
- GmbH & Co. KG 108
- Kleine AG 109
- Kommanditgesellschaft (KG) 97
- Offene Handelsgesellschaft (OHG) 97
- Partnerschaftsgesellschaft 93
Redaktioneller Bericht 42
Rücklage 106

S
Sacheinlagen 163
Selbsteinschätzung 15
Selbstmotivation 14
Sicherheiten
- Bewertung 168
Sondergenehmigung 51, 54
Standort
- Dienstleistung 81
- Einzelhandel 80
Standort Industrie 81
Steuerberater 11
Steuern 193
Stille Beteiligung 166
Supermarkt 36

T
Technischer Betriebsführer 52
Teilzeitarbeitsverhältnis 205
Telefonwerbung 42
Transportversicherung 154

U
Überbrückungsgeld 175
Übernahme eines Unternehmens 62
Umsatzsteuer 196
Umsatzsteueridentnummer 199
Unfallversicherung 151
Unique Selling Proposition (USP) 37, 42
Unternehmensbewertung 64
Unternehmensfinanzierung 157
Unternehmensgesellschaft (haftungsbeschränkt) 106
Unternehmenskauf 62
- Finanzierung 65
Unternehmensnachfolge 62

Unternehmensplanung 119
Unternehmensübernahme 62
Unternehmensverkauf
- Kaufpreis 64
Unternehmensversicherungen 151
Urlaubsgeld 210
USP 42

V

Venture-Kapital-Gesellschaften 227
Verbände 23
Verkauf, direkter 35
Vermögenswirksame Leistungen 210
Versandhandel 36
Verschuldungsgrad 143
Versicherungen 149
- Eigenleistung 152
Versicherungen, persönliche 150
Vertrieb 14
Vertriebskennziffern 140
Vertriebswege 35
Vollzeitarbeitsverhältnis 205
Vorsteuer 196

W

Werbung 40
- Einzelhandel 40
- Handwerk 41
- Industrie 41

Z

Zeitaufwand 10
Zielgruppe 30
Zuverlässigkeit, persönliche 54

Der Autor

Reinhard Bleiber, Diplomkaufmann, trägt seit vielen Jahren in der Geschäftsleitung mittelständischer Produktions- und Handelsunternehmen die kaufmännische Gesamtverantwortung. Der Schwerpunkt seiner Tätigkeit liegt im Controlling.

Inhalt

Einführung 7

Bin ich ein Unternehmer-Typ? 9

Permanenter Einsatz erforderlich 10
Wichtig: Unterstützung von Familie und Freunden 12
Etwas Manager muss sein 13
Checkliste zur Selbsteinschätzung 15

Wie gut ist meine Geschäftsidee? 19

Informationen – das A und O des Existenzgründers 20
Checkliste zu Ihrer fachlichen Eignung 24
Was macht die Konkurrenz? 25
Das Marketing für Ihr Unternehmen 28
So finden Sie Ihre Vertriebswege 35
Checkliste: So bewerten Sie Ihre Geschäftsidee 37
Werbung und Public Relations 40

Welche Voraussetzungen muss ich erfüllen? 49

Gewerbefreiheit mit Einschränkungen 50
Welche handwerklichen Tätigkeiten einen Qualifikationsnachweis benötigen 52
Welche Gewerbe eine Sondergenehmigung erfordern 54
Voraussetzungen als Chance begreifen 56

Neu gründen oder Bestehendes übernehmen? 59

Wenn Sie ein Unternehmen neu gründen 60
Was Sie bei einer Übernahme beachten sollten 62
Die geliehene Idee: Franchising 68

Reinhard Bleiber

Existenzgründung

Geschäftsidee
Finanzierung
Verträge auf CD-ROM